JUBILÉ SÉCULAIRE

DU

SAINT-SACREMENT

DE MIRACLE.

L'ABBÉ CAPELLE

SOUVENIR

DU

JUBILÉ SÉCULAIRE

DU

SAINT-SACREMENT

DE MIRACLE,

CÉLÉBRÉ A DOUAI EN 1855,

PAR M. L'ABBÉ CAPELLE,

Missionnaire apostolique et chanoine honoraire de Cambrai.

DOUAI.

ADAM D'AUBERS, IMPRIMEUR,

Rue des Procureurs, 42.

—1855.—

1856

À

LA VILLE

DE

DOUAI.

HOMMAGE

DE

FILIAL AMOUR

ET DE

DÉVOUEMENT.

L'ABBÉ CAPELLE,

Missionnaire apostolique, chanoine
honoraire de Cambrai.

Le livre que nous offrons à nos concitoyens est destiné, comme son titre l'indique, à conserver à Douai le souvenir des fêtes magnifiques célébrées dans cette ville à l'occasion du sixième jubilé séculaire du Saint-Sacrement de Miracle. Il est écrit avec la simplicité qui caractérise les écrivains auxquels nous sommes redevables de la description des fêtes religieuses dont notre cité fut autrefois le théâtre ; il n'a pas d'autre mérite que celui de contenir le récit exact et complet, l'histoire jour par jour et pour ainsi dire heure par heure de ces grandes solennités. Cependant, nous osons dire que la composition de ce livre n'a pas été pour nous sans difficulté. Ayant publié déjà le récit de deux fêtes à peu près semblables à celle-ci, les jubilés séculaires de Notre-Dame de Grâce de Cambrai et de Notre-Dame de la Treille de Lille, nous nous trouvions dans la position d'un peintre à qui l'on commande un tableau dont le sujet a été déjà deux fois traité par lui et qui tient à ne pas reproduire ses premières œuvres. Pour entreprendre cette tâche imposée par notre vénérable Archevêque et la mener à bonne fin, il nous a fallu, avec le sentiment du devoir, le sentiment non moins vif de l'amour du bon Dieu dont nous sommes si heureux d'être le prêtre, et de la belle cité dont nous sommes si fier d'être l'enfant. Daignent nos concitoyens, aussi indulgents que Dieu qui veut bien agréer tout ce que l'on fait pour lui, accueillir notre ouvrage avec bienveillance et nous pardonner les nombreux défauts qu'ils y rencontreront.

SOUVENIR

DU

JUBILÉ SÉCULAIRE

DU

SAINT-SACREMENT DE MIRACLE,

CÉLÉBRÉ A DOUAI EN 1855.

I.

LES TROIS JUBILÉS SÉCULAIRES.

Au milieu du siècle dernier, pendant que la fausse phi-losophie répandait à travers le monde ses maximes anti-religieuses et prétendait écraser le catholicisme, la religion trouvait dans le nord de la France des consolations bien grandes. Aux diocèses de Cambrai, de Tournay et d'Arras, les peuples formulaient des actes de foi, non plus seulement par des paroles, mais par des manifestations grandioses qui semblaient vouloir jeter un fier défi à l'incrédulité. Nos

pères, toujours heureux de suivre les traditions de leur
histoire, célébraient par des fêtes séculaires la mémoire de
quelques faits dont avaient été témoins les chrétiens d'un
autre âge, et dans ces fêtes, ils portaient au plus haut degré
la magnificence que depuis longtemps les Flandres savent
déployer pour célébrer la gloire de Dieu et de la bénie
Vierge Marie. En 1752, Cambrai, la ville *dévote*, comme
on l'appelait alors, remémorait l'installation de l'Image miraculeuse de Notre-Dame de Grâce dans sa cathédrale, trois
siècles auparavant; deux ans plus tard, Lille, la *riche*,
remerciait Notre-Dame de la Treille des prodiges opérés en
sa faveur en 1264, et renouvelait l'acte de son Magistrat
qui, en 1634, consacra la cité à cette bien-aimée patronne;
et la même année, Douai, la *savante*, ravivait le souvenir
du Miracle du Saint-Sacrement dont la collégiale de Saint-
Amé fut témoin pendant les fêtes de Pâques, en 1254.
Sur leur demande, le Souverain Pontife Benoit XIV avait
accordé à ces trois villes la faveur d'une Indulgence *ad
instar Jubilei*.

Dans leur sein, tous les membres de la société, prêtres,
magistrats, bourgeois, étudiants, réunirent les efforts de
leur zèle pour célébrer ces jubilés par des solennités extraordinaires, et, s'érigeant en rivales l'une de l'autre, les trois
cités cherchèrent à se surpasser mutuellement par la grandeur de leurs pieuses démonstrations et la pompe de leurs
marches triomphales. Nous n'entrerons pas dans le détail de
ces fêtes dont les programmes nous ont laissé la description;

nous nous dirons seulement qu'en y montrant un sentiment de profonde piété et en demeurant fidèles aux usages qui leur avaient été transmis par leurs pères, les chrétiens du dix-huitième siècle laissèrent à leurs descendants un grand exemple à suivre. L'observance de ces traditions devenait pour ceux-ci un devoir, sinon obligatoire au point de vue de la religion, du moins commandé par le respect que les sociétés doivent à leur foi, à leur histoire et à elles-mêmes.

Depuis un siècle, des révolutions ont passé sur nos provinces; quarante ans après la célébration de ces fêtes, les temples magnifiques, qui en avaient été le principal théâtre, tombèrent sous les coups du marteau de l'impiété. Cambrai vit renverser sa vieille métropole; Lille, sa collégiale de Saint-Pierre; Douai, sa collégiale de Saint-Amé : on dirait que l'esprit infernal avait à cœur de faire disparaître tout ce qui pouvait rappeler quelque chose de ces grands souvenirs; mais ce qui est du domaine du catholicisme ne passe pas comme ce qui appartient au monde et à l'erreur : malgré les bouleversements sociaux qui changèrent les constitutions des peuples, malgré le renversement des églises et la dispersion de leurs derniers débris, la religion toujours debout, toujours reine des intelligences et des cœurs, n'eut besoin que de rappeler à ses enfants la brillante mémoire du passé pour les voir remplis d'un saint enthousiasme et les entendre s'écrier : montrons que nous sommes les dignes fils de nos aïeux !

La ville de Cambrai, comme au siècle précédent, ouvrit

la série des fêtes séculaires au jour même où le temps ramena l'anniversaire marqué dans ses annales. Son jubilé de Notre-Dame de Grâce fut admirable. Le zèle des Cambrésiens transforma cette cité en un temple immense, dont toutes les maisons étaient des sanctuaires, et les pèlerins y accoururent en si grand nombre, que pendant huit jours on se serait cru transporté à ces temps anciens où de grands événements amenaient tout le Cambrésis, la Flandre et l'Ostrevent aux pieds de l'image miraculeuse de la Sainte Vierge. Depuis les fêtes qui furent célébrées dans ses murailles, en 1529, à l'occasion de la signature du traité de paix dite *la Paix des Dames*, elle n'avait rien eu de si beau à écrire dans son histoire. En considérant ce concours si empressé et si unanime, un poète s'écriait :

« Si notre voix pouvait évoquer du cercueil
» De nos sages aïeux la cohorte chérie,
» Leur cendre en ce beau jour tressaillirait d'orgueil,
» Voyant régner encore leur fidèle Marie ;
» Et de joie et d'amour pleurant à ses genoux,
» Tous ces pontifes saints, ces héros magnanimes,
» Diraient, en saluant ces triomphes sublimes :
    » Nos enfants sont dignes de nous !!! » (1).

En célébrant sa fête séculaire, Cambrai avait voulu raviver ses plus beaux souvenirs historiques ; les villes qui autrefois s'étaient associées à son amour envers Celle qu'elle appelle sa suzeraine et sa mère, furent invitées à venir resserrer avec elle leurs liens sacrés et à prendre

(1) M. l'abbé Berthe, élève du séminaire de Cambrai.

part à sa sainte allégresse. Lille, Douai, Valenciennes députèrent une phalange de leurs enfants pour les représenter dans le cortége de Notre-Dame de Cambrai, et ceux-ci, transportés des sentiments de joie dont les solennités de la religion énivrent les cœurs, étaient moins émus du spectacle grandiose qui frappait leurs regards, que préoccupés du désir de ressusciter aussi chez eux la mémoire du passé et de remplir un devoir semblable.

L'élan donné par la *ville de la Vierge* ne s'arrêta pas. Lille et Douai (1) s'éprirent d'une sainte ambition, comme elles l'avaient fait il y a un siècle. Ne les blâmons pas de s'être posées en rivales de Cambrai, leur sœur. Cette rivalité, qui n'est autre que celle du bien, Dieu ne l'inspire-t-il pas lui-même à l'âme en nous montrant les traces héroïques des Saints et en nous excitant à reproduire et même à surpasser les exemples qu'ils ont donnés au monde ? Deux années s'écoulèrent, pendant lesquelles les cœurs catholiques lillois méditèrent les splendeurs du triomphe qu'ils préparaient à leur Notre-Dame de la Treille, et, lorsqu'arrivèrent ces jours si impatiemment attendus, la vieille capitale de la Flandre se para d'une magnificence qui laissa loin derrière elle ce que l'on avait admiré jusqu'alors. Du 24 juin au 2 juillet 1854, ses habitants retracèrent en quelque sorte l'image des premiers chrétiens qui, confondant leurs désirs et leurs vœux, ne formaient qu'un cœur et qu'une

(1) Nous ne parlons pas de Valenciennes : sa fête séculaire de Notre Dame du Saint-Cordon se célèbre la huitième année du siècle.

âme. Les partis, les opinions, les intérêts les plus divers
et les plus opposés s'étaient fondus en une seule idée: célébrer dignement la fête séculaire de Notre-Dame de la Treille.
Toutes les rues parées de guirlandes, de peintures, de dômes
aériens ; toutes les façades des habitations chargées de bannières, d'oriflammes et de guirlandes proclamaient la rati-
fication de l'acte solennel de 1634, et cette date accolée
partout à la date du temps présent redisait dans un sublime
langage que Lille était toujours la *cité de la Vierge*. Est-il
besoin de rappeler ce triomphe, qui fut éclairé d'un soleil
qui sembla, comme le peuple se plaisait à le dire, apparaître
miraculeusement? Nous laisserons un jeune poète dépeindre
cette scène en nous montrant

> Ces guirlandes de fleurs, ces drapeaux triomphants,
> Ces bannières d'azur, au doux souffle des vents,
> Déployer leurs longs plis d'or, de pourpre et de soie,
> Imposer à tout cœur les transports de la joie.
> Comme une jeune épouse au jour de son bonheur
> Qui de ses beaux atours emprunte la splendeur,
> La cité de la Vierge aujourd'hui s'est parée ;
> D'un saint enthousiasme elle s'est enivrée ;
> Défiant la rafale et les vents orageux,
> Elle a forcé le ciel de sourire à ses vœux ;
> Le soleil à sa voix se montrant à la terre
> Des plus brillants rayons a salué sa mère.
> Les vierges, les enfants, les prêtres, les vieillards,
> De Marie, en priant, suivent les étendards ;
> Les martyrs de la foi dont parle notre histoire
> Sont sortis du tombeau pour contempler sa gloire ;
> Les pontifes chéris du royaume voisin.
> Ceux qu'on entend bénir au rivage lointain
> Unis aux saints pasteurs dont la France est si fière,
> Sont venus escortant la châsse séculaire,

» Pour montrer à Marie un filial amour ;
» Avec nos magistrats former sa noble cour. » (1)

Les Douaisiens qui avaient assisté à cette solennité étaient ravis ; ils ne disaient plus seulement comme à Cambrai : nous célébrerons, nous aussi, notre fête séculaire, et nous la rendrons plus brillante que celle-ci ; mais croyant voir l'éclat de la fête de Notre-Dame de la Treille surpasser l'éclat de celle de Notre-Dame de Grâce , il se promettaient de déployer chez eux une splendeur qui ne put être égalée.

(1) M. Henri Monier, élève du pensionnat de Marcq.

II.

UNE DÉCOUVERTE. .

Le Miracle du Saint-Sacrement qui, tous les cent ans, fait à Douai l'objet d'une Fête séculaire, est trop bien connu des lecteurs auxquels ce livre est destiné, pour que nous ayons besoin d'en faire encore le récit. Ce fait prodigieux, qui eut pour principal historien un témoin oculaire, le bienheureux Thomas de Cantimpré, et qui est attesté par une tradition non interrompue de six siècles, nous l'avons étudié, examiné, discuté dans un petit ouvrage publié à l'occasion de la Fête qui se préparait, et nous avons démontré qu'il est incontestable. L'Hostie miraculeuse était conservée dans la Collégiale de Saint-Amé, où ce grand fait s'accomplit; nous en avons raconté l'histoire, d'après les documents les plus authentiques, en suivant de siècle en siècle la trace du culte qui lui était rendu. Avant d'avancer dans notre récit de la Fête jubilaire, il nous semble utile de revenir sur ce dernier sujet, et d'expliquer quelques lignes de notre opuscule qui y ont rapport. « Nous avions cru, il y a huit

» mois , disions-nous, en parlant du Jubilé futur , que la
» Providence ménageait aux fidèles une grande consolation
» pour ces beaux jours : on pensait avoir retrouvé l'Hostie
» miraculeuse ; mais après un mûr examen , il n'a pas été
» possible de reconnaître l'authenticité de ce saint objet. »
En écrivant ces lignes, une explication détaillée de cette
découverte nous paraissait superflue ; depuis, les journaux
se sont occupés de cette affaire ; ils l'ont racontée en y mêlant des incidents mystérieux et de pure invention , il est
devenu indispensable de l'exposer telle que nous la connaissons et d'après l'enquête dont nous avons eu nous-même
l'honneur d'être chargé par Monseigneur l'Archevêque de
Cambrai.

Dans la chapelle *dite* des Trépassés de l'église Saint-
Pierre , sur le gradin supérieur de l'autel se trouvait depuis
longtemps un petit coffret en bois servant de piédestal au
crucifix, et à travers la glace qui formait la partie antérieure,
on distinguait des morceaux de papier, de linge et quelques
petits ossements. Depuis plus d'un an, Messieurs les vicaires
de la paroisse exprimaient à M. l'Archiprêtre le désir de voir
ce coffret remplacé par un tabernacle qui rendrait cet autel conforme à ceux sur lesquels ils offraient le saint sacrifice. M. l'Archiprêtre condescendit à leurs désirs , et après
avoir enlevé le coffret, qui ne présentait aucune ouverture ,
il en brisa la partie supérieure à l'aide d'un ciseau. Ceci se
passait dans les premiers jours d'octobre 1854. Le premier
objet qui s'offrit à la vue fut un billet écrit en mauvais fran-

çais, et que nous traduisons pour que l'on en puisse plus
facilement saisir le sens :

*Moi, Alexandre Mornave, membre de la Confrérie des
Trépassés de la paroisse de Saint-Pierre, ayant en ma
possession des reliques de plusieurs Saints connus et in-
connus, que j'ai recueillis lorsque, pendant la Révolution,
on profanait les reliques et les vases sacrés, voulant rendre à l'Église ces saints objets, je les ai placés dans une
petite châsse, et j'en fais présent à la chapelle des Trépassés de l'ornementation de laquelle je suis chargé. 26
août 1805 (1).*

Sous ce billet était enfermé, dans une feuille de papier,
un fragment de cilice qui, d'après les termes d'une attestation d'authenticité incontestable dont il était accompagné,
fut reconnu pour avoir fait partie de celui de Thomas Morus.
En dessous étaient déposés quelques ossements dont il était
difficile, pour la plupart au moins, de dire à quel saint
corps ils avaient appartenu, et dans un coin se trouvait une
petite boite de fer-blanc, de forme cylindrique, enveloppée

(1) Texte du billet : « Mois Alexandre Mornave, confraire des fidel-
» les trespassés de la paroisse de Saint-Pieres ayant des reliques de
» sain et saintes provenent de plusieur eliges aians trouvés alion gure
» du tesns du tems de la revoulution que lons profanés tous les vas
» et les reliques sacres dons lon trouvra plus sier saint connus es
» des autres que je mes pas trouvés leur nons allores quant a retablis
» les eglises je pris le parti des faires uns petiste chasse dons jeus est
» fois presens a la chapelle des trépasses comme et tens le pareur
» de chapelle. Donnes le 26 aous 1805 fais presens et donnes de bon
» cœu. »

d'un vieux linge blanc tacheté de rouille, et qui semblait avoir servi autrefois de Purificatoire. M. l'Archiprêtre ouvrit cette boîte, y distingua roulé contre les parois intérieures un billet écrit avec de l'encre d'une teinte peu foncée, et, sous un leger couvercle formant double fond, une hostie. Tout entier au plaisir que lui apportait la découverte du cilice de l'illustre chancelier qui paya de son sang sa courageuse résistance à l'impur hérésiarque Henri VIII, il ne poussa pas plus loin ses investigations, et persuadé que l'hostie placée au fond de la boite de fer-blanc était décomposée, il laissa cette boite qu'il regardait comme ayant servie de ciboire à quelque prêtre missionnaire pendant les jours de la Révolution.

Cependant, des ecclésiastiques, désireux de voir ces objets récemment découverts, firent visite à M. l'Archiprêtre (nous y allâmes nous-même en compagnie de Monseigneur Déprez, Évêque de l'île de la Réunion); mais, eux aussi, se bornèrent à examiner attentivement le cilice de Thomas Morus. Le 19 octobre, un religieux de la Compagnie de Jésus, le Père Possoz, accompagné de deux vicaires de la ville, poussa ses investigations plus loin : il lut le billet recélé dans l'intérieur de la boite de fer-blanc. Voici la traduction française et textuelle de ce billet écrit en latin très pur :

« Je soussigné chanoine de l'Eglise collégiale de Saint-
» Amé à Douai, déclare que vu le péril imminent d'une
» profanation, j'ai placé dans cette boite l'Hostie très véné-
» rable du Saint-Sacrement de Miracle déjà soustraite et

» heureusement découverte , et aux fidèles qui la retrouve-
» ront j'ai laissé ce témoignage écrit de ma propre main.

» La veille de l'Epiphanie de Notre-Seigneur 1793.(1) »

Au bas de ce billet est une signature illisible avec paraphe.

Nous n'avons pas à dire les transports de ces messieurs
qui croyaient avoir retrouvé l'Hostie miraculeuse. Monseigneur l'Archevêque de Cambrai , informé aussitôt de cette
découverte, ordonna de placer l'hostie dans un des tabernacles de l'église , défendit de rien publier sur ce point , et
ordonna de faire en son nom une enquête prudente , minu-
tieuse et sévère, comme l'Eglise le demande dans ces sortes
de procédures.

Cinq questions étaient à examiner : 1° L'Hostie miraculeuse était-elle conservée à Saint-Amé ? 2° A-t-elle été
sauvée à l'époque de la Révolution ? 3° L'Hostie trouvée
porte-t-elle dans le dessin de l'effigie quelques signes qui
puissent la faire regarder comme appartenant au treizième
siècle ? 4° Quel est l'homme qui l'avait entre les mains et
qui a déposé le coffret dans l'église Saint-Pierre ? peut-on
croire à sa loyauté ? 5° Quel est le chanoine qui a sauvé
cette Hostie ?

La première question était facile à résoudre : il ne fallait

(1) Voici le texte latin du billet : « Ego infra scriptus Eccl. Colleg. S.
» Amati Duac. Can. imminenti profanationis periculo valde honoran-
» dam ssmi sacramenti de miraculo hostiam jam substractam et
» fauste compertam in hac pixide collocavi et fidelibus camdem
» reperturis hoc testimonium propria manu scriptum reliqui. Vigilia
» Epiph. D. N. 1793. »

que consulter les auteurs qui ont traité de l'histoire ecclésiastique de la Flandre : Buzelin , Willard et Colvener ne
laissent aucun doute sur ce point.

La réponse affirmative à la seconde se trouvait dans un
acte dont on garde encore à Douai le souvenir. Lorsque
l'impiété entra victorieuse dans la Collégiale pour porter sa
main spoliatrice sur tous les objets précieux que renfermait
le trésor , un démagogue forcené courut à la boîte qui renfermait l'Hostie ; mais il la trouva vide du saint objet qu'il
voulait froisser dans ses doigts sacrilèges et il n'en tira qu'un
léger linge qu'il montra en s'écriant : « Voilà avec quoi les
» prêtres entretenaient la superstition des femmes. » (1)

Pour résoudre la troisième , on eut recours aux hommes
versés dans la science iconographique. Le dessin de l'Hostie
fut copié et adressé au savant père Arthur Martin avec
prière de dire s'il pouvait être attribué au treizième siècle.
De forme circulaire et d'un diamètre de trente et un mil-
limètres , cette hostie est d'une couleur grise tirant sur
le jaune ; ses extrémités , dans presque tout le contour ,
sont notablement avariées , néanmoins la nature des saintes
espèces pourrait être regardée comme s'étant conservée
intacte. Sur la face on distingue deux lignes en relief formant bordure, et au milieu, également en relief, l'image de
Notre-Seigneur attaché à une croix dressée sur un petit
tertre. En examinant de près cette image, on remarque que

(1) Recherches sur l'histoire du Saint-Sacrement de Miracle , p. 70.

la tête, légèrement inclinée à droite, est dépourvue de la couronne d'épines. Les bras sont étendus de manière à former un *Tau* grec, et les jambes, quoiqu'imparfaitement dessinées, sont disposées de telle sorte qu'il est aisé de voir que les pieds devaient être attachés par un seul clou.

Le savant religieux voulut bien répondre aux questions qui lui furent adressées : « Au premier aspect, dit-il, rien
» ne s'oppose à ce que la représentation du crucifix soit du
» treizième siècle ; peut-être pourrai-je, à la réflexion, vous
» motiver bien mon opinion, mais il faut avouer que les
» détails sont un peu vagues. » Dans une autre lettre écrite quelques jours après la première, il dit : « Je maintiens
» l'opinion que je vous ai déjà exprimée : rien de sérieux
» ne s'oppose à ce que le monument soit du treizième siè-
» cle ; dès le commencement de ce siècle, on croisait les
» jambes à l'image du Christ, pour réduire à trois le nom-
» bre des clous. La tête ne paraît pas avoir eu de couronne
» d'épines, et c'était l'usage. »

Quant à la question de savoir quel était l'homme qui s'est trouvé en possession de l'Hostie, elle fut éclaircie quoiqu'avec peine, et le résultat des investigations le présenta comme appartenant à une famille respectable, qui donna asile aux prêtres pendant les jours mauvais. Jusqu'en l'année 1812, époque de sa mort à Cambrai, sa piété ne se démentit point, et, dans un état plus que voisin de la misère, il se montra constamment digne d'avoir pu être choisi pour dépositaire d'un objet aussi précieux, dont il semble, du reste, avoir lui-même ignoré la nature.

Restait la cinquième question : quel est le chanoine qui a sauvé l'Hostie ? Nous avons dit que la signature apposée au bas du billet est illisible. D'abord on voulut y voir le nom de M. l'abbé de Ranst qui, à l'époque de la Révolution, était prévôt de la Collégiale ; mais , outre qu'il paraissait inconcevable que cet abbé, mort en 1816, n'eut parlé à personne de sa pieuse soustraction et n'eut fait faire aucune recherche pour s'assurer de la conservation de l'Hostie , son écriture , que l'on parvint à découvrir , fut déclarée par les experts que la Cour impériale mande à sa barre pour s'éclairer dans des affaires du même genre , n'avoir aucun caractère d'identité avec celle qui formule l'attestation du chanoine. Le nom de l'abbé de Ranst ayant été abandonné, on se jeta sur celui de l'abbé Descamps , que la signature pouvait laisser lire ; on présenta de l'écriture de celui-ci aux mêmes experts , le résultat ne fut pas plus satisfaisant : cet abbé ne pouvait être l'auteur du billet. Enfin , on prit les noms de tous les membres qui composaient le corps capitulaire de Saint-Amé , à l'époque de la suppression du culte catholique , et l'on se demanda , en les examinant l'un après l'autre , si l'un d'eux pouvait s'adapter à la signature. La réponse de tous ceux qui ont été interrogés fut négative.

Un rapport long et détaillé fut adressé à Monseigneur l'archevêque de Cambrai. Le prélat, après un mûr examen, déclara ne pouvoir pas reconnaître l'authenticité de l'Hostie.

Néanmoins, il ordonna de continuer les investigations avec prudence , persuadé que la divine Providence ferait découvrir de nouveaux documents qui permettraient de déclarer , si toutefois il en est ainsi, que cette Hostie est véritablement l'Hostie miraculeuse qui s'est transfigurée dans l'église Saint-Amé en l'année 1254 , qui a été conservée pendant six siècles et soustraite pendant des jours de malheur aux mains de l'impiété. En attendant , Sa Grandeur voulut qu'elle fut conservée dans un lieu décent , agissant en cela comme les soldats de Judas Machabée qui , après la profanation du temple de Jérusalem , placèrent les pierres de l'autel des Holocaustes dans un lieu retiré de la montagne , jusqu'à ce que Dieu , par la bouche d'un Prophète , vint dire à quoi il faudrait les employer.

III.

LE JUBILÉ DE 1855.

Les derniers échos du Jubilé de la ville de Lille redisaient encore les chants qui célébraient la gloire de Notre-Dame de la Treille, que déjà M. Vrambout, doyen de Saint-Jacques à Douai, entretenait Monseigneur l'Archevêque de Cambrai de la Fête séculaire que réclamaient les Douaisiens en l'honneur du Saint-Sacrement de Miracle. Ce docte et zélé pasteur n'avait point attendu la fête de Lille pour s'occuper de celle dont il espérait voir les splendeurs ; la pensée du Jubilé séculaire n'avait point été étrangère au projet, déjà réalisé, d'agrandir son église ; il comptait même que ces nouvelles constructions, terminées en 1854, lui permettraient de célébrer la fête cette même année; seulement, comme alors la saison se serait trouvée trop avancée pour qu'il fût possible d'organiser des pompes extérieures, les solennités se seraient concentrées dans l'intérieur du lieu saint. Ce n'est qu'en voyant les fêtes de Notre-Dame de la Treille qu'il s'était écrié : « Nous remettrons notre Jubilé à

» l'année prochaine, car il nous faut à Douai une fête sem-
» blable à celle-ci ! »

Cependant, le premier pasteur du diocèse, avec la prudence qui le caractérise, n'était pas sans éprouver des
craintes sur l'effet des fêtes pour la célébration desquelles
on lui demandait son approbation : ces manifestations qui
sont destinées à raviver le sentiment de la Foi, disait Sa
Grandeur, ne vont-elles pas devenir trop communes ? Le
peuple ne va-t-il pas les regarder comme n'offrant rien de
plus qu'un spectacle à sa curiosité ? La Religion ne va-t-
elle pas sembler convier des populations et des évêques à
des parades...? Ce ne fut qu'après de mûres réflexions que
le prélat voulut bien accéder au désir qui lui était exprimé,
et, en donnant son consentement, il recommanda de
spécifier dans tout ce qui serait publié à cette occasion que
ce Jubilé serait la dernière fête de ce genre, au moins sous
son épiscopat, dans le diocèse de Cambrai.

Là ne se bornèrent point les questions préliminaires.
Monsieur le doyen de Saint-Jacques avait agi en bon et
digne pasteur ; mais quelques hommes, désireux de donner
à la fête des proportions plus larges, un caractère plus
grandiose, demandaient davantage : on voulait qu'elle fut
célébrée dans l'église Saint-Pierre. Ce désir était d'ailleurs
partagé par la plus grande partie de la population. Cette
fête, disait-on, célébrée dans une petite église située à
l'extrémité de la ville, sera regardée comme une fête paroissiale ; puisque tous les fidèles de la cité sont appelés à y

prendre part, pourquoi ne point lui donner pour centre l'église Saint-Pierre, qui est comme la *cathédrale* de Douai, et dont la vaste enceinte permettrait de donner aux cérémonies l'éclat le plus splendide et à la foule la faculté de s'étendre sans se presser autour de la chaire de vérité ?

Monseigneur admit sans peine que les fêtes du Jubilé seraient plus brillantes dans l'église Saint-Pierre ; mais comme la collégiale de Saint-Amé était située dans la circonscription territoriale actuelle de la paroisse Saint-Jacques, et que depuis le rétablissement du culte cette dernière est en possession d'honorer d'une manière spéciale la mémoire du Saint-Sacrement de Miracle, il ne pouvait s'empêcher de reconnaitre que cette église avait un droit acquis et il ne voulait point la déposséder de ce droit. Il laissa à monsieur le doyen de Saint-Jacques le choix de l'église, ajoutant que s'il se prononçait pour Saint-Pierre, cet édifice lui serait pour ainsi dire prêté, et que sa paroisse resterait propriétaire des *ex-voto* offerts au Saint-Sacrement lors du Jubilé. Monsieur Vrambout déclara qu'il ne pouvait abandonner les droits de son église, et, dès-lors, il fallut se résigner à accepter Saint-Jacques.

L'annonce officielle du Jubilé fut faite aux fidèles, au nom de Monseigneur l'Archevêque, le dimanche de *Quasimodo*, au prône de la messe paroissiale, par le prêtre à qui le Prélat en avait confié l'organisation.

L'époque de l'ouverture en était fixée au 14 juillet ; il devait durer jusqu'au 22 du même mois et se terminer, ainsi qu'à Cambrai et à Lille, par une grande procession. Cette époque coïncidait avec celle adoptée, au siècle dernier, par les Chanoines de Saint-Amé. En s'acquittant de son honorifique mission, l'organisateur résuma la discussion qui s'était élevée sur le choix de l'église et redit ces paroles que le Prélat lui avait fait entendre : « La Fête séculaire du Saint-

» Sacrement de Miracle n'est ni une fête de paroisse ni une
» fête du clergé, c'est la fête de la cité tout entière ; elle
» aura le caractère de splendeur que la cité voudra lui
» donner. » Puis se posant cette question: Quelle sera la splendeur de cette Fête? il y répondit en ces termes : « S'il
» s'agissait d'examiner la Fête du Jubilé séculaire au point
» de vue patriotique, je ferais appel à vos cœurs douaisiens,
» à votre amour-propre, et je vous dirais : Nous ne pou-
» vons pas nous laisser surpasser par nos voisins, et ainsi
» que le répétaient ceux qui ont assisté aux fêtes semblables
» célébrées à Cambrai et à Lille, il faut que Douai prenne
» un rang qui n'aura pas encore été occupé ; mais, à
» Dieu ne plaise que je fasse appel à des sentiments pure-
» ment humains ? vous auriez droit de m'accuser d'oublier
» le caractère dont je suis revêtu et dans quel lieu j'ai l'hon-
» neur de vous adresser la parole ; je veux n'examiner et
» n'examinerai jamais notre Fête séculaire qu'à son vérita-
» ble point de vue: celui de la Foi, et, sur ces hauteurs su-
» blimes où nous place la religion, je dis à vos âmes chré-
» tiennes : aux fêtes de Cambrai et Lille, il s'agissait d'ho-
» norer la Sainte-Vierge en de saintes images, devant les-

» quelles elle a montré par des prodiges éclatants la bonté dont
» est rempli son cœur et la puissance dont elle jouit auprès
» de Dieu ; il s'agit à Douai d'honorer le Saint-Sacrement,
» c'est-à-dire Dieu lui-même, réellement présent sous les
» voiles eucharistiques ; autant la Foi nous montre Notre
» Seigneur Jésus-Christ élevé au-dessus de sa très-sainte
» Mère, autant elle nous commande de relever l'éclat de
» nos solennités au-dessus de l'éclat de celles que nous
» avons admirées, et nous faillirions à notre titre de catho-
» lique si nous ne cherchions pas à nous animer d'une sainte
» émulation. Mais que dis-je? notre titre de Douaisien, au-
» quel tout-à-l'heure je craignais de faire appel, se lie inti-
» mement dans cette circonstance à celui de catholique pour
» nous remplir d'un zèle qui nous inspirera l'esprit de dé-
» voûment et de sacrifice. Lorsque l'Eglise nous parle des
» solennités de la Fête-Dieu, elle nous défend de craindre
» d'en faire trop, elle veut que nous osions tout dans nos
» démonstrations de reconnaissance et d'amour ; *quantum*
» *potes tantum aude.* Celui dont vous célébrez la gloire, nous
» dit-elle, est au-dessus de tout ce que vous pourrez faire,
» *quia major omni laude*, et jamais vous ne parviendrez à
» donner à vos louanges l'éclat que mérite sa majesté infi-
» nie, *nec laudare sufficis.* Voilà ce qui est adressé aux
» chrétiens du monde entier. Eh bien! nous, enfants de
» Douai, n'avons-nous pas, outre les grands motifs dictés
» par notre Foi, n'avons-nous pas un motif spécial qui
» manque aux autres chrétiens de l'univers ? Nous allons,

» en cet anniversaire séculaire, honorer Notre Seigneur
» Jésus-Christ dans son Sacrement d'amour : ce n'est pas
» assez ! nous allons lui rendre des actions de grâce pour
» des bienfaits particuliers accordés à nos pères, pour
» des prodiges opérés sur cette terre où a été placé
» notre berceau et dont nous sommes fiers d'être les
» enfants. A Douai, le culte du Saint-Sacrement de
» Miracle, si je puis parler ainsi, est plus encore que le
» culte de notre Foi, c'est le culte de notre cité, un vé-
» ritable culte de famille ; il faut donc que notre zèle soit
» plus empressé, notre piété plus ardente, nos hommages
» plus magnifiques, nos décorations plus splendides ; il
» faut que la Fête du Saint-Sacrement de Miracle soit une
» merveille, et elle le sera !!! Au siècle dernier, nos pères
» n'ont reculé devant aucun sacrifice pour rendre leur Fête
» jubilaire digne de Dieu et digne d'eux-mêmes ; marchons
» sur leurs traces, et, en rendant hommage au Dieu qui
» parcourra triomphalement les rues de la cité, donnons-
» nous à nous-mêmes la satisfaction de pouvoir dire que
» nous n'avons pas dégénéré !...... »

Il ne nous appartient pas d'apprécier ici l'effet produit par cette allocution ; mais, en narrateur fidèle, nous devons constater qu'elle mit la joie dans les âmes ferventes, et les porta à chercher les moyens de montrer leur zèle pour entraîner, par leur exemple, ceux qui n'avaient pas le bonheur d'avoir comme elles une foi vive et agissante.

Il y eut bien quelques légers mécontentements de ce que

la Fête ne se célébrerait point à Saint-Pierre , mais les mé-
contements furent dissipés bientôt par la considération que
l'autorité avait prononcé , et l'on ne tarda même pas à
reconnaître que cette décision était rationnelle.

IV.

DISPOSITIONS DES ESPRITS ET DES CŒURS.

Jusques vers la fin du mois d'avril , les dispositions pour la célébration de la Fête ne s'étendaient pas au-delà du cercle des personnes vivement attachées à la piété, et qui , en remplissant leurs devoirs sociaux , sont heureuses de suivre non-seulement les préceptes de la religion, mais encore les conseils évangéliques. Ces personnes voyaient la masse de la population s'occuper de ses travaux et de ses affaires de chaque jour dans son calme ordinaire , et elles se demandaient s'il était permis d'espérer que les Douaisiens seraient capables de s'éprendre d'un vif élan pour célébrer avec éclat le Jubilé séculaire. Un arrêté municipal vint dissiper leurs craintes peut-être un peu exagérées. Monsieur le Maire , dont le zèle pour ce qui eut rapport au Jubilé est au-dessus de tout éloge , mettant en vigueur des prescriptions ministérielles destinées à toutes les villes de France , ordonna le badigeonnage extérieur de toutes les maisons qui n'avaient pas subi cette opération depuis dix ans ; on se demanda quelle était la cause de cette mesure nouvelle , on l'expliqua par l'approche d'un événement extraordinaire dont l'annonce ainsi répandue mit en émoi la partie de la population qui , jusque-là , n'avait eu qu'une connaissance vague de ce qui se préparait. Bientôt des échafaudages se dressent de tous côtés ; les entrepreneurs de travaux , les ouvriers se félicitent du gain qu'ils trouveront dans ces circonstances , la foi ajoute son langage à celui de l'intérêt ; c'est plus qu'il n'en faut pour disposer les esprits et les cœurs. On recherche dans les journaux de la localité les nouvelles vraies ou fausses qui circulent sur les magnificences dont Douai va être le théâtre , et sur les éminents personnages qui , par leur présence , en rehausseront la pompe ; on parle des invitations adressées aux personnes qui feront partie de la Procession , on attend ces invitations pour soi-même ou pour les siens ; il ne reste plus de famille riche ou pauvre au sein de laquelle on ne s'entretienne de cette fête qui ne reparait que tous les siècles. C'est ainsi qu'en peu de temps l'enthousiasme pénètre dans les âmes et les échauffe de son plus beau feu.

Il ne pouvait en être autrement. La ville de Douai , toujours calme et paisible , sort difficilement de son caractère. Le peuple , qui y vit du travail des mains , songe à ce qui lui apporte le pain de chaque jour , sans s'inquiéter de ce qui s'agite en dehors de ses occupations ; la classe élevée , qui jouit du fruit de ses labeurs ou de l'héritage paternel , amie du bien-être et d'une douce tranquillité , se tient en dehors de ce qui demande de l'élan ; cependant , malgré ce que nous appellerions son apathie naturelle , si ce mot n'avait pas quelque chose d'injurieux , le Douaisien est susceptible d'être exalté toutes les fois que de nobles sentiments font entendre leur voix à son âme. D'un naturel essentiellement bon , il ne peut ne pas aimer la religion , et lors même qu'il reste étranger aux pratiques et aux devoirs qu'elle prescrit , il lui est attaché par le fond du cœur. On peut bien rencontrer à Douai quelques esprits malades , mécontents , railleurs ; mais des impies , il n'y en a pas. L'amour du beau , qui engendre chez l'habitant de cette ville le goût des arts , pourrait être appelé sa passion favorite , si la charité , produite par le même fond de caractère, n'exerçait pas sur son cœur un empire absolu. Ajoutons à ces belles qualités un esprit national , un amour de la cité par lequel il se distingue entre les habitants des autres cités du Nord : tel est le Douaisien.

On comprend que des âmes comme celles que nous venons de dépeindre ne pouvaient non-seulement rester étrangères à l'entraînement de la Foi, mais qu'elles devaient encore se montrer avides de témoigner de leur zèle. Dans les lieux de réunion publique, il se rencontrait bien çà et là quelques contradicteurs , comme il s'en rencontre partout , qui, par l'ironie, cherchaient à arrêter le mouvement ; mais leurs armes , peu tranchantes d'ailleurs , tombaient devant une parole suggérée par le simple bon sens , comme le peuple sait toujours en trouver. Eux-mêmes, en réalité, ne demandaient pas mieux que d'être réduits au silence ;

bientôt, on put les voir s'abandonner aux flots du torrent qui montaient toujours, applaudir à l'idée de la solennité, encourager le zèle de leurs épouses et de leurs filles, se flatter de la part que leurs enfants prendraient au cortége du Saint-Sacrement, et finir, pour un grand nombre du moins, par vouloir enchérir sur l'ardeur des autres.

Dans toutes les familles, les entretiens étaient dictés par une même préoccupation : il avait été demandé du haut de la chaire de l'église Saint-Jacques et redit par les journaux que toutes les rues fussent décorées pendant la fête ; il avait été spécifié qu'il fallait éviter l'uniformité dans les décorations ; que la variété, tout en plaisant davantage à l'œil, laissait à chacun la faculté de déployer son zèle ; on s'ingéniait donc à chercher comment on décorerait la façade de sa demeure ; on s'informait auprès des personnes connues pour leur piété ou leur goût artistique ; heureux lorsque l'on avait rencontré quelqu'idée grâcieuse ou au moins nouvelle, on la conservait précieusement comme un petit trésor pour la mettre en œuvre quand il serait temps, sans avoir à redouter la contrefaçon. Tel était l'état des esprits et des cœurs vers la fin du mois de mai. L'œil de l'observateur en le considérant pouvait même craindre que le feu de cet enthousiasme ne vînt à s'éteindre ou tout au moins à se ralentir, et que l'on ne se vît dans la nécessité de le raviver plus tard. Ajoutons que cet élan avait été déterminé en partie par les cérémonies usitées dans ce mois consacré à la Reine des cieux, cérémonies que la proclamation du

dogme de l'Immaculée Conception avait rendues cette année
plus brillantes.

On nous pardonnera ces longs détails dans lesquels nous
sommes entré ; voulant écrire un récit complet de tout ce
qui s'est passé dans notre cité à l'occasion du Jubilé séculaire, n'était-il pas convenable que nous montrions la marche
des préparatifs de cette fête et la gradation du sentiment
qui éclata avec tant de force au jour de sa célébration ? Nous
aimons à lire l'histoire d'un événement ancien racontée
naïvement par nos chroniqueurs, dans toutes ses circonstances, dans ses moindres détails ; nous avons recherché
avec tant d'empressement, nous avons écrit avec tant
de plaisir les moindres particularités du Jubilé de 1754 ; les
détails sur ce que firent alors les chanoines, les échevins et
les bourgeois, nous ont montré dans sa réalité le temps qui
n'est plus ; nous avons vu, en quelque sorte, nos pères du
dernier siècle avec leurs idées, leur esprit, leurs mœurs ; pré-
parons à nos arrière-neveux la satisfaction que nous avons
goûtée nous-même. On nous permettra donc de continuer
notre récit avec la même simplicité.

V.

SOUSCRIPTION.

Lorsqu'autrefois la Religion avait à célébrer quelque fête extraordinaire, elle n'avait pas besoin, pour se revêtir de magnificence, de faire appel aux libéralités de ses enfants. Les riches dotations qu'elle tenait des princes et des grands seigneurs auxquels elle avait appris l'art de régner et dont elle avait civilisé les vassaux, entretenaient chez elle une noble indépendance. Elle avait donné l'essor aux beaux-arts, et les beaux-arts, qui la regardaient comme leur mère, se tenaient à ses ordres : à sa voix ils enfantaient des merveilles. Le peuple, néanmoins, aimait à offrir son concours à la Religion : c'était à ses yeux un devoir dont l'accomplissement l'honorait lui-même, et alors, si la Religion avait à lui adresser une recommandation, c'était moins pour stimuler son zèle que pour en modérer l'élan. C'est ainsi qu'au siècle dernier, lorsque le Chapitre de Saint-Amé annonça qu'il était dans l'intention de célébrer l'anniversaire séculaire du miracle du Saint-Sacrement, la ville de Douai voulut subvenir à toutes les dépenses exigées par ces solennités. L'Échevinage voulut lui-même organiser la marche triomphale et payer les frais d'un feu d'artifices ; les riches se disputèrent l'honneur de fournir la parure de la Collégiale, et les bourgeois, par l'érection des riches reposoirs et la décoration des rues, mirent tout en œuvre pour apprendre aux nombreux étrangers que la fête attirerait dans leurs murs de quelle foi vive leurs cœurs étaient remplis.

Nous n'avons pas à nous écrier ici « que les temps sont changés. » La Religion, il est vrai, a perdu ses biens ; mais au moment de célébrer la grande fête de Douai, elle n'eut pas lieu de jeter un regard en arrière et de pousser un soupir : il lui suffit de faire un appel aux cœurs douaisiens, elle les trouva tels qu'elle les avait trouvés il y a un siècle.

Comme l'avait fait l'Échevinage, le Conseil municipal tint à honneur de s'associer à la Fête du Saint-Sacrement de Miracle et de déclarer, par un vote, qu'elle était la Fête de la cité. Sur la proposition de monsieur le Maire, le 22 mai, il décida qu'une somme de six mille francs, destinée à subvenir aux frais généraux du Jubilé, serait prise sur les fonds de la ville et remise entre les mains de l'ecclésiastique chargé par Monseigneur l'Archevêque des soins de l'organiser. Cette somme, que l'on ne peut s'empêcher de regarder comme importante, était loin cependant de suffire à couvrir toutes les dépenses que la circonstance exigeait ; les riches propriétaires demandèrent à y ajouter leur offrande, mais on ne voulut pas, dans cette fête générale, priver le moindre particulier du plaisir d'y prendre part, et pour recueillir toutes les sommes, fortes ou légères, que chacun voudrait présenter, des hommes auxquels leur position sociale laisse quelque loisir furent réunis et organisés en commission. Les choses étant ainsi disposées, la circulaire suivante fut déposée dans toutes les maisons de la ville :

FÊTE SÉCULAIRE DU SAINT-SACREMENT DE MIRACLE A DOUAI.

« A nos Concitoyens,

» La ville de Douai s'apprête à célébrer dignement la solennité destinée à rappeler et à honorer un des faits les plus grands de son histoire : le Miracle opéré dans l'église Saint-Amé, le 14 avril 1254. Chaque siècle a vu la manifestation des sentiments de foi et d'amour qui doit exciter dans les cœurs chrétiens le souvenir des merveilles que Dieu a opérées en faveur de nos pères. Toujours on a compris que cette fête est la fête par excellence ; si les villes voisines ont célébré avec une louable émulation et la plus grande pompe des solennités qui avaient pour objet l'honneur de la Mère de Dieu, avec quel zèle et quel éclat Douai ne doit-il pas célébrer la solennité séculaire du Saint-Sacrement de Miracle ? Certes, ce n'est pas en notre cité qu'un appel fait dans de pareilles circonstances sera froidement accueilli. Les catholiques, et nous le sommes tous, voudront faire une profession éclatante de leur foi, et contribuer largement aux frais d'une fête, qui aura, cette année surtout.

les caractères d'une fête douaisienne. Le Conseil municipal, en votant une somme de six mille francs, a donné un exemple qui ne peut manquer de produire un excellent effet. C'est un chiffre imposant, mais ce n'est, on le comprend, que le premier chiffre d'une souscription dont la nécessité ne peut être méconnue, si on réfléchit à tous les frais qu'entraîne nécessairement une fête et une procession comme celles qu'il faut organiser.

» La ville de Douai a eu de tout temps une réputation qu'il s'agit de maintenir. Tous les habitants le comprennent et de toutes parts on voit se développer les préparatifs qui permettent d'assurer que les habitations seront décorées non seulement avec goût, mais encore avec magnificence. C'est assurément une excellente chose, et ce ne sera pas la partie la moins brillante de la fête; mais ce n'est pas assez: il faut des fonds pour les bannières, les emblèmes, les ornements de la procession, pour la décoration de l'église jubilaire, pour les magnifiques reposoirs où s'arrêtera le Saint des Saints; il faut, par un riche programme, appeler un immense concours d'étrangers, qui viendront, une fois de plus, apprendre comment dans nos villes du Nord les sentiments d'une foi vive et sincère s'allient avec le goût des arts et la somptuosité des décorations. Pour faire un programme riche, pour organiser une fête splendide, il est nécessaire de faire des dépenses, dont, après tout, les habitants seront amplement dédommagés, non seulement au point de vue spirituel et par les grâces que Dieu prodigue à

ceux qui donnent quelque chose pour lui , mais même au
point de vue matériel, puisque la présence d'une foule d'é-
trangers devient une source de prospérité pour les villes qui
savent les attirer dans leur sein.

» Il est donc indispensable que les habitants de Douai
veuillent bien souscrire pour le paiement des frais généraux
de leur fête séculaire. Il est désirable qu'ils souscrivent
tous, puisque cette fête est la fête de tous, et le pauvre
même doit voir accueillir son obole quand il s'agit d'honorer son Dieu.

» Quelques personnes charitables ont accepté la mission
d'aller dans tous les quartiers, dans toutes les maisons, recueillir les souscriptions et les offrandes dont la liste restera
déposée dans les archives de l'église où se célébrera le Jubilé
séculaire. Elles se présenteront très-incessamment, afin que
l'on puisse , en vue des ressources connues , terminer les
apprêts de notre belle fête.

» L'Abbé CAPELLE ,

» *Chan., missionn. apost.*

» Douai , 26 mai 1855. »

Une souscription , une quête , sont toujours des tâches
pénibles à entreprendre ; il faut , en acceptant cette charge,
savoir se dire que l'on va faire des visites qui le plus souvent seront regardées comme inopportunes par ceux qui
les recevront , se résigner à se voir éconduit , à entendre
prétexter des difficultés qui empêchent de concourir à l'œuvre que l'on patronne, quelquefois même à subir des obser-

vations peu marquées au coin de la politesse. Aussi, au moment de commencer la souscription, plus d'un de ces messieurs qui voulurent bien accepter le titre de commissaire collecteur, s'attendaient à éprouver quelques contrariétés, et, pour s'encourager à remplir leur tâche, ils croyaient avoir besoin de se rappeler qu'ils agissaient pour la gloire de Dieu et la gloire de la cité. La souscription se fit sans qu'ils eussent à se repentir d'avoir accepté leur pieuse mission. Si l'on excepte la rencontre de rares individus pour qui la ville de Douai est une patrie étrangère, partout ils furent accueillis avec déférence, partout on leur témoigna le plaisir avec lequel on concourait aux magnificences de la fête religieuse. Les riches présentèrent de l'or, les marchands et les bourgeois montrèrent une générosité qui le plus souvent dépassait leur faible fortune, et les pauvres se trouvèrent heureux de voir que l'on ne dédaignait pas leur obole.

Pourquoi ne consignerions-nous point ici les traits touchants dont les commissaires quêteurs furent témoins, et qui font ressortir les sentiments de piété qui animent le peuple? Disons d'abord, à la louange de ces messieurs, que lorsque de pauvres gens leur exprimaient le regret de ne rien posséder, ils leur présentaient une aumône; alors les pauvres, les larmes aux yeux, les priaient de reprendre leur aumône et de l'affecter aux dépenses à faire pour la fête du Saint-Sacrement de Miracle. Ici, une pauvre femme leur dit qu'elle est dans un dénuement complet, mais elle

les prie d'attendre , sort et revient bientôt avec une légère
somme qu'elle a empruntée. Les quêteurs refusent : « Non,
non , leur répond-elle , ne me privez pas , je vous en
prie, du plaisir de pouvoir dire que la fête du Saint-Sacrement est aussi la mienne. » Là , un ouvrier leur offre une
pièce de cinquante centimes , en disant : « C'est tout ce
que je possède , mais c'est pour la fête du bon Dieu ; prenez , je vous l'offre de tout mon cœur. — C'est trop , lui
répondent ces messieurs; offrez-nous seulement un ou deux
sols , c'est plus que suffisant.— Non , non , prenez tout :
quand il faudrait me passer de souper , je le ferais encore
volontiers! » — « J'ai huit enfants , leur dit un autre , et
l'ouvrage ne va pas fort : c'est égal , je veux donner quelque chose ; tenez, voilà dix sols, le bon Dieu me les rendra,
il m'enverra de l'ouvrage !... »

Dans un quartier de derrière est une pauvre femme con-
nue pour vivre dans une grande misère : « N'y allons pas,
dit l'un des quêteurs à son compagnon.—Si nous n'y allons
pas , répond celui-ci , cette pauvre femme sera mécontente
peut-être ; ne serait-ce que pour lui faire une aumône , entrons chez-elle.—Ah! bonjour, Messieurs, dit la pauvresse,
vous me faites beaucoup d'honneur de venir chez moi , je
savais que vous parcouriez le quartier, et je vous ai préparé
quelque chose : tenez, voilà trois francs , il y a bien longtemps que je les conserve en cas de besoin , je ne peux pas
mieux faire que de les donner pour la fête du Saint-Sacrement de Miracle. »

Ailleurs, c'est la boutique d'un petit menuisier : « Messieurs, dit la femme, je suis bien fâchée, je n'ai pas un sol ! — C'est bien, Madame, » répondent ces messieurs en la saluant et ils reprennent le cours de leurs visites. Deux heures après, comme ils repassaient de l'autre côté de la rue, cette femme court à eux : « Ah ! Messieurs, s'écrie-t-elle, j'étais bien affligée de n'avoir pu rien vous offrir, et j'ai promis au bon Dieu de lui donner le premier argent que je recevrai ; depuis que vous êtes sortis de la maison, on est venu me payer une petite dette ; tenez, voilà six sols : mon mari est bien content, il a voulu que je vous les apporte tout de suite ! »

On sonne à la porte du bel hôtel de M. ***. C'est une pauvre femme qui ne vit que d'aumônes : « Monsieur est-il chez lui ? demande-t-elle au domestique qui ouvre. — Monsieur n'y est pas. — C'est que, voyez-vous, j'ai appris que Monsieur a quêté avant-hier dans notre rue, pour la grande fête du Saint-Sacrement. Monsieur n'est pas venu chez moi. Comme on m'a dit qu'il avait été partout, sans mépriser le pauvre monde, je ne veux pas être sans donner pour le bon Dieu qui nous donne tout : tenez, voilà quatre sols ; vous lui remettrez de ma part, n'est-ce pas?... »

Que de traits de ce genre nous pourrions raconter !... Braves ouvriers, pauvres mais bonnes mères de famille, que vos offrandes ont dû être agréables à Celui qui, dans le temple de Jérusalem, exalta la veuve déposant à l'autel son

offrande de deux légères pièces de monnaie , et qui promit
une récompense à qui donnerait un verre d'eau froide en son
nom ! Autrefois , dans nos églises , il était en usage de dire
à celui qui déposait une pièce de monnaie quelconque dans
la sébile du quêteur : Dieu vous le rende ! Lui qui tient
tout en ses mains , qu'il vous rende en consolations ce que
vous lui avez donné ; qu'il vous rende au centuple le morceau de pain dont peut-être vous vous êtes privés pour
contribuer à sa fête , et qu'il fasse passer , dans le cœur de
vos enfants , ces sentiments généreux qui feront toujours
votre plus bel apanage !!

Nous ne terminerons pas ce chapitre sans transcrire les
noms de Messieurs les commissaires collecteurs , ainsi que
le chiffre des sommes recueillies par chacun d'eux.

Messieurs Dubrulle , conseiller à la Cour impériale, et le comte d'Esclaibes, avocat, dans les rues
d'Arras, de la Fonderie, de la Cloche, du Clocher-
Saint-Amé, du Four-Saint-Amé et place Saint-Amé.　　396 65

Messieurs Dronsart et Hiolin , dans les rues des
Vierges , Saint-Samson et d'Équerchin..........　　626 »»

Messieurs Leflon , officier en retraite , et Pitre-
Veraeghe , dans les rues du Bloc , des Flageolets ,
rues vertes , du Pont-des-Pierres , Saint-Albin , des
Chartreux, du Champ-Fleury, d'Ocre, de l'Abbaye-
des-Prés et place de la Prairie...............　　251 80

Messieurs Dubrulle-Leroy et de Bailliencourt fils,
dans les rues Saint-Benoit , des Potiers , du Vieux-
Gouvernement, du Clocher-Saint-Pierre et place du

Palais. 338 65

    Messieurs Trinquet et Ghislain, dans les rues des
Wetz, Notre-Dame-des-Wetz, Saint-Michel, du Pont-
de-Tournay et du Pont-Saint-Vaast. 274 25

    Messieurs Gustave de Guerne et Vanpeteghem ,
dans les rues Morel , de Lille et rues adjacentes ,
place Saint-Jacques, place et rues de la Station, de
Lewarde, de la Charte et du Musée. 832 61

    Messieurs Maurice et Bouchez, dans les rues des
Blancs-Mouchons, du Béguinage, des Écoles, des
Chapelets, des Malvaux et de Jean-de-Gouy. 596 70

    Messieurs de Guémy et Valentin , dans les rues
Saint-Jacques, des Carmes, Saint-Jean , des Trinitaires , Saint-Thomas et des Bonnes. 883 35

    Monsieur Drouart, procureur impérial, dans les
rues Saint-Christophe , de la Madeleine , cimetière
Saint-Pierre et place Saint-Pierre. 152 55

    Messieurs Tréca-Leleu et Galland, dans les rues
du Canteleux, des Fripiers, du Rempart, de Valenciennes, Mongat, de la Cuve-d'Or, ruelles Pépin et
de l'Aiguille, place du Barlet et place d'Armes. . . .   523 60

    Messieurs Poncelet et Tréca-Piettre, dans les rues
de Bellain , des Ferronniers, Saint-Pierre, des Procureurs et ruelle des Huit-Prêtres. 564 75

    Messieurs Pinquet fils et Vasse, professeur de
chimie au Lycée impérial, dans les rues de la Mairie, de la Cloris, du Palais et Marché-au-Poisson. .   329 45

    Messieurs Pellieux, avocat, et Wattrelos, dans les
rues de la Massue , de la Cloche , Saint-Julien ,

Sainte-Catherine, de la Verte-Porte, du Rivage,
ruelle Campion et Petite-Place................ 536 »»

Messieurs Crespin et Lefebvre-Vallée, dans les
rues des Dominicains, du Pont-à-l'Herbe, d'Infroi
et sur les quais........................... 224 »»

Messieurs Hattu et Coutant, dans les rues de
Paris, de la Comédie, du Mont-de-Piété et ruelle
Saint-Antoine............................ 452 40

Messieurs Vallée et André-Cliquet, dans les rues
des Minimes et des Foulons.................. 146 65

Messieurs Losserand et Dhérin, dans les rues
Obled, du Grand-Bail, des Maillets, du Curé et
place Saint-Nicolas........................ 172 50

Monsieur Collier-Durut, dans la rue de la Bou-
cherie.................................. 17 75

Total........ 7,319 66

En ajoutant à cette somme :

Dons particuliers........................ 405 »»

Quête dans l'église Saint-Jacques pendant les
fêtes jubilaires........................... 1,082 65

Vote du conseil municipal................ 6,000 »»

On aura le total de la somme donnée pour couvrir
les frais généraux de la fête................ 14,807 31

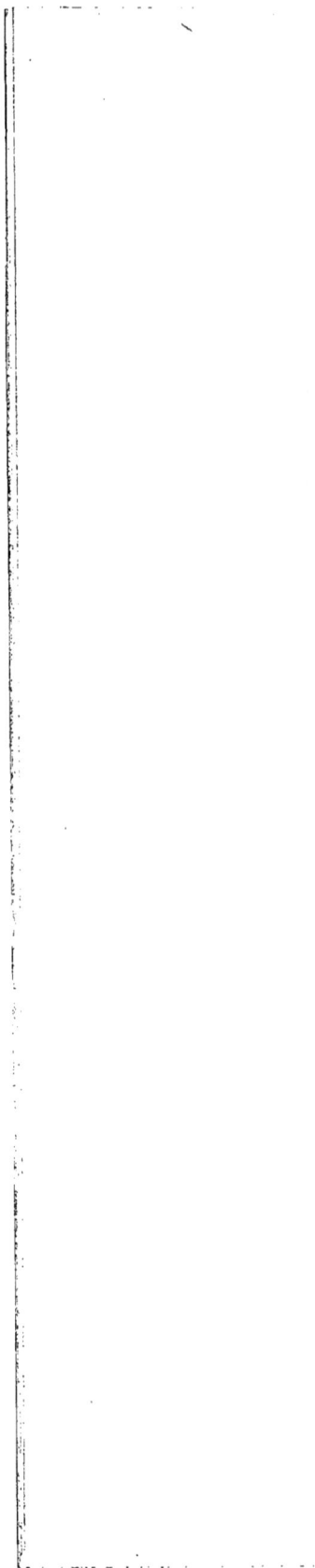

VI.

PRÉPARATIFS.

L'enthousiasme des Douaisiens ne se concentrait pas dans le fond de leurs cœurs ; à mesure que l'époque de la fête approchait, ils en disposaient les préparatifs avec une activité toujours croissante. La ville, si calme d'ordinaire, était sortie de son caractère comme à la veille de ces grands événements qui ont le pouvoir de mettre en mouvement des populations entières. Tout d'ailleurs contribuait à occuper les esprits et à les empêcher de nourrir d'autres pensées que celles de la fête. Aux vitrines et aux étalages des magasins de nouveautés sont exposées des guirlandes de fleurs artificielles, des couronnes de roses et tous les menus objets qui servent à confectionner ces imitations des plus jolis ouvrages du Créateur. Au-dessus du comptoir des tapissiers sont appendues des bannières aux couleurs variées et aux inscriptions tout à la fois pieuses et historiques. Ici on remarque des étoffes de velours, des soieries, des draps d'or et d'argent ; là, des inscriptions en lettres d'or et de

4.

grandes lithographies représentant le Saint-Sacrement de
Miracle suggèrent des idées pour ornementer les bannières
dont on décorera les façades ; ailleurs se balancent des lanternes vénitiennes qui semblent annoncer le brillant coup-
d'œil qu'offrira l'illumination du soir , après la procession
qui terminera les fêtes.... Les curieux s'arrêtent devant ces
magasins et se communiquent leurs réflexions sur l'effet que
ces différents objets devront produire ; les jeunes filles
admirent la nuance brillante des tissus dont elles seront
parées , et regardent peut-être avec un œil d'envie ceux
qui sont destinés aux personnes d'une condition plus haute;
les marchands vont et viennent pour recommander leur
maison et restreindre la concurrence des Lillois et des
Lyonnais qui offrent leurs tissus et leurs broderies aux prix
de fabrique ; les dames font l'acquisition de ce qui est nécessaire pour la toilette de leurs enfants et l'ornementation
de leur demeure , et , au-dedans d'elles-mêmes , les âmes
pieuses , en considérant tout ce mouvement , demandent au
Dieu en l'honneur duquel la fête se prépare de faire tourner
tout à sa gloire et de répandre ses bénédictions les plus
abondantes sur la cité qui met tant d'empressement à s'occuper de sa sainte cause.

Entrons dans l'intérieur des maisons où le zèle se montre
avec une activité sans égale. Il n'est pas de dames dont les
doigts ne s'exercent à façonner de légers papiers qui se
changent en fleurs délicates destinées à former de gracieuses
guirlandes , et il n'est pas rare de voir leurs époux s'asso-

cier à leurs travaux, manier les ciseaux, dessiner des péta-
les, agencer des corolles, dresser une branche ou arrondir
le contour d'une corbeille. En faisant éclore les fleurs et les
guirlandes, on médite la forme, les inscriptions des bannières auxquelles elles se marieront ; les dorures se décou-
pent, s'attachent aux couleurs vivaces d'un tissu, et font
admirer un petit chef-d'œuvre. Les demoiselles s'estiment
heureuses d'enseigner aux personnes de leur âge et d'un
rang moins élevé l'art de confectionner ces jolies choses ;
celles-ci, à leur tour, communiquent leur science à des
compagnes, et la même activité règne chez le bourgeois
et le petit marchand que dans les salons dorés des brillants hôtels. Il n'est pas jusqu'à la pauvre fille du peuple
qui ne veuille aussi faire ses fleurs et ses bannières, aux
applaudissements de ses parents, tout fiers de voir les bons
sentiments qui l'animent et les talents dont elle donne de si
belles preuves. Les jeunes gens eux-mêmes consacrent leurs
loisirs à créer de brillants décors ; ils s'enferment pendant
de longues heures..... Mais respectons leurs secrets auxquels n'est pas même initiée leur famille ; laissons-les dans
le silence mettre en œuvre les charmants projets qu'ils ont
conçus : plus tard nous viendrons admirer leur ouvrage.
En attendant, demandons au Ciel qu'il daigne bénir leur
cœur et être lui-même la récompense de leurs nobles et
pieuses pensées.

De leur côté, les artistes veulent apporter au Saint-
Sacrement de Miracle le tribut de leurs talents : les litho-

graphes, MM. Robaut, Millescamps et Mortreux, aidés du crayon de M. Boldoduc, s'étudient à créer d'avance des souvenirs de la fête : initiés à la connaissance des pompes qui se préparent, ils dessinent diverses vues de la procession. M. Sellier, aidé du concours de M. Feragu d'Amiens, trace le dessin d'un reposoir, M. Fache, notre sculpteur, travaille un symbole eucharistique et M. Bra, notre illustre statuaire, quitte ses méditations profondes et son ciseau pour conférer avec l'ordonnateur de la fête et lui donner ses conseils. L'imprimerie a prévenu les beaux-arts : M. Adam a imprimé les *Recherches sur l'histoire du Saint-Sacrement de Miracle ;* Mme veuve Ceret-Carpentier a donné une nouvelle édition d'un livre ancien, destiné à nourrir dans les cœurs la *dévotion au Saint-Sacrement de Miracle,* et le R. P. Possoz, notre compatriote, nous a envoyé de Nantes, sa résidence, une série de méditations prises dans les meilleurs auteurs ascétiques, et qui pourront aider les âmes pieuses à sanctifier les jours du Jubilé séculaire.

Mais quelles sont ces dames que l'on voit chaque jour s'acheminer de divers côtés avec empressement? Ne blessons pas leur pieuse modestie, taisons leurs noms que bénissent les malheureux qui les appellent leurs consolatrices et leurs mères : contentons-nous de dire que ces dames sont celles sur le dévoûment desquelles on peut toujours compter quand il s'agit d'une bonne œuvre. Sans négliger leurs visites aux pauvres, elles se rendent à des réunions où elles consacrent aux préparatifs de la fête tout ce qu'il leur

est possible de donner. Déjà , dans leurs paroisses respecti-
ves , elles se sont occupées de la parure du sanctuaire pour
le mois de Marie , et elles vont continuer les mêmes travaux
soit à l'église Saint-Pierre, soit à l'église Notre-Dame, soit
encore dans les vastes salles de l'ancien hôtel d'artillerie,
près Saint-Jacques. Ensemble , elles façonnent des ouvrages délicats qui leur sont demandés pour la décoration de
l'église jubilaire ; d'autres , réunies chez Mademoiselle Pellieux , dessinent des broderies d'or sur de larges bandes de
drap d'argent qui se transformeront en riches bannières que
les plus jeunes d'entre elles seront heureuses de porter
au cortége du Saint-Sacrement. Outre ces réunions auxquelles ne dédaignent pas de prendre part les dames
que la haute société compte dans ses rangs, il en est
d'autres peut-être encore plus intéressantes : ce sont celles
de jeunes ouvrières qui, dans leurs ateliers, consacrent leurs
moments de loisir à travailler gratuitement à des objets demandés par l'ordonnateur de la fête ; dans l'un d'entre eux,
celui de Madame Vendenwielle, modiste, on brode de fleurs
une bannière de gaze blanche qui sera un chef-d'œuvre de
délicatesse et de bon goût. Nous ne terminerions pas si nous
voulions tout énumérer et dire encore les ouvrages qui s'éla-
borent dans les communautés religieuses, ouvrages devant
lesquels , quand ils paraîtront au grand jour de la fête , on
sera frappé d'admiration. Arrêtons-nous : une larme pétille
dans nos yeux , nous ne pouvons pas repousser un souvenir lugubre qui se jette sans cesse à travers ces souvenirs
si doux et si riants.

Pendant que l'on s'agitait pour disposer tout ce qui était nécessaire aux décorations du Jubilé, un événement inattendu vint mettre la consternation dans les cœurs : M. Vrambout, doyen de Saint-Jacques, fut enlevé par la mort. A la tête de cette paroisse depuis cinq ans, il l'avait en quelque sorte dotée d'une église, et cette église était dotée à son tour d'un mobilier riche et artistique en rapport avec ce joli monument. On peut dire qu'en cela il avait, par son zèle et sa fermeté, opéré un véritable prodige. Une de ses douces pensées était l'espoir de voir cette œuvre couronnée par la célébration du Jubilé séculaire, et, dans cette attente, il avait fait exécuter un rétable sculpté en haut-relief représentant le miracle célèbre et destiné à servir de couronnement à l'autel placé dans le fond du chœur (1). Le Seigneur ne lui accorda pas cette consolation sur la terre : victime de son dévoûment pastoral, il tomba sous les coups d'une maladie aussi courte que terrible dont il avait puisé le germe en administrant les derniers sacrements à un militaire malade, et, pour ses paroissiens, les saintes joies de la Fête-Dieu, qui devaient être comme le prélude de celles du Jubilé, furent changées en deuil. Quelques semaines après, M. l'abbé Bataille, vicaire de la paroisse, en lui succédant,

(1) L'exécution de ce monument fut confiée à M. Buisine, menuisier-sculpteur à Lille ; les statues sont l'œuvre de M. Blavier, sculpteur douaisien. Il est à regretter que dans ce monument on ait sacrifié la vérité historique aux exigences du coup-d'œil. Notre Seigneur Jésus-Christ, qui devrait être représenté crucifié, est représenté debout, montrant ses plaies, et l'enfant, au lieu de n'avoir pour ornement que sa candeur, presse une croix dans ses bras.

combla les vœux de tous, et sous son administration douce et affectueuse, les préparatifs des grandes solennités se continuèrent.

Dans ces préparatifs, ce n'était pas assez de s'occuper de fleurs, de bannières et de décors ; il fallait à la fête séculaire des personnages qui lui donnassent un éclat particulier, il lui fallait un caractère historique qui rappelât les faits principaux de nos annales religieuses. Il serait beau, disait-on, de voir la mémoire du prodige opéré dans le Saint-Sacrement éveiller la mémoire de tout le passé ; tous les faits remarquables, dont nos pères ont été témoins, venir se grouper autour du fait prodigieux et lui former comme une couronne de gloire ! Il serait beau d'évoquer du cercueil saint Maurand le fondateur de la cité, saint Amé le pieux archevêque qui reçut la sépulture à Douai, et dont le nom y est encore le plus populaire ! Ne conviendrait-il pas de rappeler aussi la célèbre Université avec ses docteurs et ses séminaires ; l'hospitalité donnée aux confesseurs de la Foi chassés de l'Angleterre, leur patrie, par Henri VIII et Élisabeth ?... Ce dernier fait surtout, si important par les immenses résultats qu'il produisit, paraissait devoir être rémémoré. Dans un discours prononcé à Cambrai, lors de la fête séculaire de Notre-Dame de Grâce, le cardinal Wiseman avait rappelé ce que Douai avait fait pour la foi catholique de l'Angleterre : « C'est dans cette ville, avait dit Son » Éminence, que la Foi, proscrite du beau royaume qui » autrefois fut appelé l'Ile des Saints, est venue déposer

» son feu sacré; c'est là que ce feu s'est conservé, c'est de
» là que son flambeau est allé revivifier cette bien-aimée
» patrie.... » A l'approche de ses solennités, Douai em-
prunta la voix de son vénérable Archevêque pour dire à la
partie catholique de l'Angleterre : « Après Dieu, c'est à
» moi que vous êtes redevable de la conservation de votre
» foi ; aujourd'hui que vous êtes libre, que vous n'avez
» plus besoin du collége-séminaire où se sont formés vos
» prêtres auxquels depuis plus de deux siècles je donne le
» droit de cité, levez-vous, et venez dans ces beaux jours
» qui vont luire pour moi, venez offrir en mes murs un
» hommage de haute reconnaissance au Dieu qui m'a con-
» fié la garde de votre trésor le plus sacré ; que vos Pon-
» tifes viennent chanter un *Te Deum* solennel dans mon
» église jubilaire, en attendant que, selon la prédiction de
» M. le comte de Maistre, ils le chantent à Londres dans la
» basilique de Saint-Paul !! » Le Rév. Père Adrien, supérieur du collége des Bénédictins-Anglais, voulut bien
se charger d'aller lui-même porter à Londres les lettres
officielles ; mais, malheureusement, l'époque du Jubilé
coïncidait avec celle désignée depuis longtemps pour une
assemblée synodale des Évêques d'Angleterre, et ce magnifique épisode ne put s'effectuer. Nous ne fûmes pas plus
heureux auprès de Monseigneur l'Archevêque de Sens, qui
eut rappelé à Douai saint Amé son prédécesseur sur ce
siége antique. Monsignor Ram, Recteur Magnifique de
l'Université catholique de Louvain, dont la présence eut

éveillé les souvenirs de notre illustre École , avait accepté de grand cœur notre invitation ; mais il nous fit savoir , quelques jours avant la fête que les travaux de la fin de l'année scolaire le mettaient dans l'impossibilité d'accomplir sa promesse.

Nous eûmes encore les mêmes regrets à l'égard de la plupart de Nosseigneurs les Évêques que Monseigneur l'Archevêque de Cambrai invita à venir se joindre à lui. Voici quels furent les Prélats qui reçurent les invitations de Sa Grandeur : Leurs Éminences Messeigneurs les Cardinaux Sterq , archevêque de Malines ; Wiseman , archevêque de Westminster ; Gousset , archevêque de Reims ; Sa Béatitude Monseigneur Samhiri , patriarche d'Antioche ; Messeigneurs Jolly , archevêque de Sens ; Blanquart de Bailleul , archevêque de Rouen ; d'Argenteau , archevêque de Tyr , ancien nonce de Sa Sainteté à la cour du roi de Bavière ; Angebault , évêque d'Angers ; Delebecque , évêque de Gand ; Labis , évêque de Tournai ; Dufêtre , évêque de Nevers ; Parisis , évêque d'Arras ; Wicart , évêque de Fréjus (1) ; Gillis , évêque d'Édimbourg ; Malou , évêque de Bruges ; de Salinis , évêque d'Amiens ; de Garsignies, évêque de Soissons ; de Franken , évêque de Batavia ; Ivangenk , évêque coadjuteur de Bréda ; Cousseau , évêque

(1) Monseigneur Wicart , évêque de Fréjus, ancien vicaire-général de Monseigneur le cardinal Giraud , commença sa carrière ecclésiastique par remplir les fonctions de vicaire dans l'église Saint-Jacques à Douai.

d'Angoulême ; de Montpellier de Verdrin, évêque de Liège ;
Lyonnet , évêque de Saint-Flour , et Tirmache , évêque
d'Adras (*in partibus*), aumônier de Sa Majesté l'Empereur
des Français.

Les Douaisiens étaient ravis de joie en apprenant qu'un
si grand nombre de Prélats avaient été engagés à venir
s'associer à eux pour rendre hommage au Saint-Sacrement
de Miracle ; les personnes de haute condition se disputaient
l'honneur de leur offrir une hospitalité digne de leur noble
et saint caractère , mais quelques-unes seulement furent
heureuses de l'obtenir ; car , de ces nombreux Princes de
l'Église , il n'y en eut que huit qui purent se rendre à
l'invitation, Sa Béatitude Monseigneur le Patriarche d'Antioche descendit chez M. de Bailliencourt dit Courcol père ;
Monseigneur l'Archevêque de Cambrai et Monseigneur
l'Évêque de Gand descendirent chez M. l'abbé Debra-
bant , directeur-fondateur de la congrégation des Dames de
la Sainte-Union ; Monseigneur l'Évêque d'Arras , chez Madame la comtesse douairière de Franqueville de Bourlon ;
Monseigneur l'Évêque de Nevers , chez M. Heroguer , curé
Archiprêtre de Saint-Pierre ; Monseigneur l'Évêque de Soissons , chez M. le baron d'Haubersart , son parent ; Monseigneur l'Évêque d'Angoulême, chez Monsieur Dronsart , et
Monseigneur l'Évêque de Saint-Flour, chez M. de Matharel,
sous-préfet de l'arrondissement.

Le programme de la fête séculaire, approuvé, le 17 juin,
par Monseigneur l'Archevêque en cours de visite pastorale

à Valenciennes, parut dans les premiers jours du mois de juillet ; il contenait en détails, même minutieux, l'ordre des cérémonies, des pèlerinages et de la procession ; en deux jours, la population en enleva plus de deux mille exemplaires. La connaissance exacte qu'elle acquit de cette grande manifestation mit le comble à l'ardeur qui la transportait lorsqu'elle n'en était encore instruite que confusément et par des préparatifs dont elle ne pouvait se rendre compte. Dès lors, les bras des ouvriers ne suffirent plus aux travaux qu'on leur demanda ; les dépenses devant lesquelles on avait reculé d'abord furent considérées comme légères ; les craintes que l'on s'était exagérées en n'osant pas consentir à ce que ses enfants fissent partie de la procession, se dissipèrent ; les personnes préposées à la formation de quelques groupes pour ce dernier épisode de la fête, s'animèrent d'un nouveau courage, et plus d'une mère qui, un mois auparavant leur avait refusé sa fille, eut été bien aise de recevoir une nouvelle invitation.

Huit jours avant l'ouverture du Jubilé, l'église Saint-Jacques fut livrée aux décorateurs chargés de la revêtir d'un éclat qu'exigeaient les solennités dont elle allait devenir le centre principal. Son ornementation avait été l'objet de réflexions et d'études. Lors des deux fêtes analogues célébrées à Cambrai et à Lille, les églises jubilaires avaient reçu de brillants décors. Dans cette partie des solennités douaisiennes, on désirait déployer une grande magnificence, suivant ce principe, primitivement adopté, que les splendeurs de la fête du Saint-Sacrement de Miracle devaient surpasser tout ce qui avait été fait en l'honneur de la Sainte-Vierge ; mais les ressources pécuniaires dont on disposait ne permettant pas de s'arrêter à ce désir, on pensa à remplacer ce luxe de richesses par un autre non moins beau, qui consisterait dans une décoration historique. Les miracles du Saint-Sacrement de Bruxelles, de Paris, d'Amsterdam, de Turin, etc., etc., représentés sur des écussons placés au centre de grandes bannières reliées entre elles par des guirlandes, auraient été un admirable accompagnement à la représentation du miracle de Saint-Amé. Cette décoration, d'un caractère tout spécial, eut été comme un livre dont l'objet de la fête eut formé la page principale : l'ensemble parlerait à tous un langage sublime, et, en donnant le plus frappant témoignage de la présence réelle de Notre-Seigneur dans l'Eucharistie, il contribuerait puissamment à raviver la foi et l'amour au Saint-Sacrement de l'autel.

Plusieurs artistes, entre autres M. Robaut père, avaient, avec autant de talent que de bienveillance, tracé des dessins ; les peintres de Douai, dont le concours était assuré, se seraient chargés volontiers d'exécuter chacun un de ces écussons ; on était sur le point de conclure, lorsque M. Vafflard, entrepreneur de décorations d'église à Paris, vint nous offrir ses services et nous présenter ses plans. La richesse et la fraîcheur de ses tentures, jointe à la modicité de ses prix, fit abandonner le projet historique. Nous traitâmes avec ce décorateur qui consentit à modifier ses dessins pour que la décoration eût, au moins dans son ensemble, quelque chose de spécial à la fête.

Essayons de décrire cette décoration qui fut d'une majesté et d'une richesse que nous n'aurions pas osé espérer et qui nous apportait, tant par son ensemble que par ses détails, la satisfaction de voir se réaliser le principe indiqué plus haut. Dans toute l'étendue de l'église, les arcades, dans toute leur hauteur, se garnissent d'amples rideaux de velours cramoisi crépiné d'or , dont les longs replis resserrés par des câbles d'or s'attachent aux colonnes ; des guirlandes de roses , offertes par les dames de la ville , unissent leurs gracieux rinceaux aux lambrequins qui décorent les cintres , puis , remontant vers la corniche , elles y relient, en se courbant sur la frise, des écussons qui portent, soit les figures symboliques du Saint-Sacrement, soit les armoiries des Évêques attendus à la cérémonie. Dans les ouvertures laissées par chaque rideau à l'intérieur des arcades, des lustres unissent la dorure de leur bronze aux broderies des tentures et en font ressortir la richesse par la multiplicité des bougies qu'ils contiennent. La décoration du chœur , semblable à celle de la nef , est encore enrichie par d'énormes candélabres en bronze doré, appuyés aux colonnes ; un riche trône épiscopal se dresse sur le côté de l'autel , et , dans le fond du sanctuaire , un grand baldaquin de velours d'or et d'hermine, en tombant de la voûte, encadre le rétable qui représente le miracle, et couvre de ses rideaux l'autel sur lequel sera exposé le Saint des Saints. Des médaillons attachés au fût des colonnes portent les armoiries des villes diverses qui doivent envoyer des députations à la procession de clôture : Douai et Merville, sa sœur, sont en regard l'une de l'autre à l'entrée du chœur, comme si le sanctuaire était confié à leur garde ; puis c'est Arras dont les Évêques étendaient autrefois leur houlette pastorale sur Douai, et en face d'Arras, Cambrai, la ville métropolitaine qui la régit aujourd'hui. Ensuite ce sont Lille et Valenciennes, Tourcoing et Roubaix, Orchies et Hénin-Liétard, etc. Toute la contrée entière est là, montrant dans les symboles qui la personnifient la part qu'elle prend à la fête. Du haut de la coupole, comme pour unir la terre au ciel, descendent de grandes bannières sur lesquelles apparaissent, au milieu d'étoiles d'or, les images des patrons de Douai : saint Adalbald, sainte Rictrude, saint Maurand et saint Chrétien, qui semblent quitter leur trône pour contempler la majesté des fêtes et rendre, de concert avec leurs enfants, un solennel hommage au Saint-Sacrement de Miracle. L'ornementation de la façade de l'église complète celle de l'intérieur ; des tentures de velours rouge s'étendent sur les murailles du portique et, au-dessus de l'entrée principale, deux anges de taille colossale tiennent une grande banderolle qui porte les deux dates placées dans l'intérieur de l'édifice, l'une à l'entrée, l'autre au fond du sanctuaire : 1254-1855.

Nous sommes arrivés au jour où le Jubilé va s'ouvrir : toutes les dispositions sont prises pour que l'ordre le plus parfait règne partout ; le concours bienveillant des autorités

civile, administrative et militaire s'empresse de nous seconder ; les âmes pieuses , depuis neuf jours , demandent à
Dieu une abondante rosée de grâces ; le ciel semble sourire
à la terre ; tout promet à la ville de Douai des fêtes dont la
splendeur surpassera celles qu'elle a contemplées aux temps
les plus beaux de son histoire.

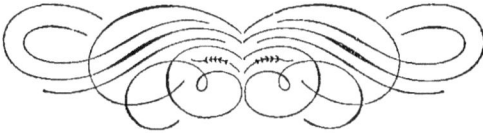

Décoration de l'Eglise St Jacques.
pendant le Jubilé Séculaire de 1855

VII.

OUVERTURE DU JUBILÉ.

Au milieu de leurs préparatifs , une chose étonnait les Douaisiens : c'était le silence de Monseigneur l'Archevêque de Cambrai. La fête séculaire leur avait bien été annoncée officiellement au nom du Prélat ; mais ce n'était point assez, ils se croyaient en droit d'attendre davantage. Avant les fêtes de Notre-Dame de Grâce et de Notre-Dame de la Treille , Sa Grandeur avait adressé aux Cambrésiens et aux Lillois une lettre pastorale qui , en publiant les faveurs spirituelles accordées par le Souverain-Pontife , rappelait aux chrétiens les dispositions nécessaires pour en profiter, et l'on se demandait pourquoi les fidèles de Douai n'obtenaient pas le même honneur. De son côté , Monseigneur l'Archevêque n'était pas moins préoccupé : les fidèles se plaignaient de ne point recevoir un mandement de leur premier Pasteur , et le premier Pasteur se plaignait de ne pas pouvoir le leur adresser : le Jubilé était sur le point de s'ouvrir que les lettres apostoliques contenant la concession de l'Indulgence ne lui étaient point encore parvenues.

Dès le 19 mars, Monseigneur avait adressé au Souverain Pontife une supplique pour solliciter cette grâce ; voici la traduction de la lettre de Sa Grandeur, écrite en latin :

« Très-Saint Père ,

» D'après les monuments les plus authentiques de l'his-
» toire , il est constant qu'en l'année 1254 , le 14 du mois
» d'avril , un miracle insigne eut lieu à Douai , l'une des
» principales villes du diocèse de Cambrai : Notre Seigneur
» Jésus-Christ le divin Rédempteur se montra visiblement
» dans une hostie consacrée , pendant plusieurs heures , à
» une multitude innombrable d'hommes.

» Thomas de Cantimpré , homme d'une piété et d'une
» science rare , qui était alors suffragant de l'Évêque de
» Cambrai , vit et contempla de ses propres yeux ce fait
» si admirable ; il en écrivit la relation qu'il laissa à la pos-
» térité.

» La mémoire de cette apparition miraculeuse était cha-
» que année renouvelée à Douai par une grande solennité.
» L'an 1754 , l'anniversaire cinq fois séculaire fut célébré
» avec la plus grande pompe , et cette ville témoigna dans
» cette circonstance une grande joie et une grande dévotion.

» Héritiers et imitateurs de la piété de leurs ayeux, les
» fidèles de Douai souhaitaient vivement, en l'année 1854

» qui vient de s'écouler, de célébrer avec la même solen-
» nité et une semblable pompe le sixième anniversaire sé-
» culaire ; mais l'église paroissiale de Saint-Jacques, où la
» fête et les solennités devaient avoir lieu, était presque
» entièrement détruite. Or, cette année, les travaux entre-
» pris pour l'agrandissement et l'embellissement de cet
» édifice étant heureusement terminés, j'ai cru opportun de
» donner mon assentiment aux vœux unanimes du clergé,
» du peuple et des magistrats.

» C'est pourquoi, Très-Saint Père, je supplie avec
» instance Votre Sainteté de vouloir bien accorder une in-
» dulgence plénière à tous et à chacun des fidèles qui,
» vraiment contrits, s'étant confessés et ayant communié,
» visiteront l'église Saint-Jacques en y priant aux intentions
» de Votre Sainteté, du 14 au 22 du mois de juillet pro-
» chain, temps où la mémoire du Très-Saint-Sacrement de
» Miracle sera célébrée avec la plus grande démonstration
» religieuse.

» J'ai la confiance certaine, Très-Saint Père, qu'il en
» résultera un grand bien, non seulement pour la ville de
» Douai, mais encore pour tout le reste de mon diocèse,
» et que cela servira à exciter au plus haut point, dans un
» grand nombre d'âmes, des sentiments de foi, de respect
» et de piété envers le Très-Saint-Sacrement de l'Eucha-
» ristie.

» Prosterné aux pieds de Votre Sainteté, je demande
» pour moi, pour mon clergé et pour tout le troupeau

» confié à mes soins, votre bénédiction apostolique.

» De Votre Sainteté,

» Très-Saint Père,

» Le très-humble et très-respectueux

» serviteur et fils,

» † RENÉ-FRANÇOIS, *archevêque de Cambrai*.

» 19 mars 1855 (1). »

Cette lettre s'égara soit dans les bureaux de la poste, soit dans les bureaux de l'agence diocésaine à Rome. Comme l'on ne recevait à Cambrai aucune expédition, on s'informa de la

(1) Voici l'original de cette supplique :

« Beatissime Pater,

» Ex certissimis historiæ monumentis constat, anno 1254, die » aprilis 14, Duaci, quæ una est ex præcipuis Cameracensis diœce- » seos civitatibus, insigne miraculum contigisse. Dominus scilicet ac » Redemptor noster, Christus Jesus, in hostiâ consecratâ, innumeræ » hominum multitudini, per plures horas, visibiliter apparuit.

» Quem cum propriis oculis conteritus perspexisset Thomas de » Cantimpré, vir eximiâ pietate et doctrinâ, qui tunc temporis » erat Cameracensis episcopi suffraganeus, facti adeo admirabilis re- » lationem conscripsit et posteris reliquit.

» Miraculosæ hujus apparitionis memoria quotannis Duaci reno- » vabatur solemni celebritate. Anno autem 1754, anniversarium » ejusdem quinquies sæculare maximâ festivitate summâque totius » civitatis lœtitiâ ac devotione celebratum est.

» Avitæ pietatis memores et æmuli Duacenses fideles vehementer » optabant, anno 1854 proximè elapso, eàdem solemnitate simili- » que pompâ sextum, quod occurrebat, sæculare anniversarium » celebrare; sed quominùs id fieret obstitit diruta fere S. Jacobi » parochialis ecclesia, in quâ sacræ solemnitates ac cœremoniæ pe- » ragi debebant. Hoc autem anno, cùm opera, quæ ad illam eccle- » siam amplificandam ornandamque cœpta erant, faustè tandem

supplique près de l'agent il signor Ferucci qui répondit
qu'elle lui était inconnue. Il fallut, vers la fin de juin, la
formuler de nouveau avec prière de la placer sans aucun
retard sous les yeux du Saint-Père et de faire connaître,
par voie télégraphique, la décision de Sa Sainteté à cet
égard. Ce fut seulement trois jours avant l'ouverture des
fêtes que, par la voie indiquée, arriva la nouvelle de l'expédition du Bref, et ce Bref à son tour ne fut remis entre
les mains du Prélat que le 18 juillet. Voici cette pièce avec
sa traduction :

» perfecta sint, cleri populique ac magistratuum Duacensium votis
» annuere opportunum duxi.

» Quapropter Sanctitatem Vestram enixè rogo, Beatissime Pater,
» ut indulgentiam plenariam concedere dignetur universis et singu-
» lis Christifidelibus qui, à die decimâ quartâ ad vigesimam secun-
» dam mensis julii proximè futuri, quo tempore *Sanctissimi Sacra-*
» *menti de Miraculo*, ut aiunt, memoria splendidissimè celebrabitur,
» ritè contriti et confessi, ac sacrâ communione refecti, S. Jacobi
» ecclesiam visitaverint, ibique ad mentem Sanctitatis Vestræ ora-
» verint.

» Certa mihi fiducia est, Beatissime Pater, magnum indè emolu-
» mentum non Duaci tantum urbi, sed toti meæ diœcesi obventu-
» rum, excitandamque magnoperè esse plurimorum in sanctissimum
» Eucharistiæ Sacramentum fidem, venerationem et pietatem.

» Ad Sanctitatis Vestræ pedes provolutus mihi, cleroque ac uni-
» versis fidelibus curæ meæ concreditis apostolicam vestram bene-
» dictionem efflagito.

» Sanctitatis Vestræ,
» Beatissime Pater,
» Humillimus obsequentissimusque servus
» ac filius,
» † RENATUS-FRANCISCUS, Archiepiscopus Cameracencis.
» 19ª martii 1855. »

« Pius PP. IX.

» Universis Christi fidelibus præsentes litteras inspectu-
» ris salutem et apostolicam benedictionem. Ad augendam
» fidelium religionem et animarum salutem cœlestibus Ec-
» clesiæ thesauris pia charitate intenti, omnibus et singulis
» utriusque sexus Christifidelibus vere pœnitentibus et
» confessis ac sacra communione refectis, qui ecclesiam
» sub invocatione sancti Jacobi apostoli civitatis quam
» Duacum vocant Cameracensis diœceseos a quarto et de-
» cimo usque ad vigesimum secundum mensis julii diem
» hoc anno devote visitaverint, ibique pro christianorum
» principum concordia, hæreseum extirpatione, ac Sanctæ
» Matris Ecclesiæ exaltatione pias ad Deum preces effude-
» rint, plenariam per eos dies semel tantum per unum-
» quemque Christifidelem ad sui libitum eligendum lucri-
» faciendam omnium peccatorum suorum indulgentiam
» et remissionem misericorditer in Domino concedimus.
» Præsentibus unica hac vice tantum valituris. Datum
» Romæ apud S. Petrum sub annulo Piscatoris die III julii
» MDCCCLV, Pontificatus nostri anno decimo.
               » Pro Dmo Cardinali Macchi :
       » J.-B. Brancaleoni Castellani, substitutus. »

« Pie IX, Pape,

» A tous les fidèles chrétiens qui les présentes liront,
» salut et bénédiction apostolique. Pressé par une pieuse
» charité d'augmenter, à l'aide des trésors de l'Église, la
» dévotion des fidèles et de procurer le salut des âmes,

» Nous accordons avec miséricorde et au nom du Seigneur,
» à tous les fidèles de l'un et de l'autre sexe qui, vraiment
» contrits, s'étant confessés et ayant communié, visiteront
» du quatorze au vingt-deux juillet de la présente année
» l'église Saint-Jacques à Douai, diocèse de Cambrai, et y
» adresseront à Dieu de ferventes prières pour le maintien
» de la concorde entre les princes chrétiens, l'extirpation
» des hérésies et l'exaltation de notre Mère la sainte Église
» catholique, une indulgence plénière et la rémission entière
» de leurs péchés ; laquelle indulgence pourra être gagnée
» par chaque fidèle, une fois, dans un de ces jours, à son
» choix. Les présentes n'ont de valeur que pour cette fois
» seulement. Donné à Rome, à Saint-Pierre, sous l'anneau
» du Pêcheur, le troisième jour de juillet, l'an 1855, la
» dixième année de notre Pontificat.

> » Pour Monseigneur le Cardinal Macchi :
> » J.-B. Brancaleoni Castellani, substitut. »

(Place du sceau.)

Chose remarquable! ce Bref est conçu dans les mêmes termes que celui accordé par Benoit XIV pour la célébration du Jubilé en 1754 (1). On s'étonnera peut-être de voir qu'il n'y soit fait aucune mention du miracle dont on célèbre la mémoire ; mais cette réserve n'a rien qui doive surprendre : l'Église, dans ses pièces officielles, ne spécifie que les miracles solennellement reconnus par elle d'après les actes d'une procédure canonique.

(1) Recherches sur l'histoire du Saint-Sacrement de Miracle, p. 56.

Le Jubilé n'était point la seule faveur que Monseigneur
l'Archevêque de Cambrai accordât à l'église Saint-Jacques.
Pour rendre ce temple nouveau plus vénérable et plus digne
des pompes qui allaient se déployer sous ses voûtes , il voulut lui conférer un caractère qui manque bien souvent aux
temples même les plus beaux : la consécration solennelle.
Cette cérémonie eut lieu le 14, à sept heures du matin, et
fut présidée par Monseigneur l'Évêque de Nevers (1).

Mais voici le moment que Douai attend depuis longtemps
avec impatience. Ce même jour , à trois heures, les cloches
des trois paroisses et de toutes les communautés religieuses
de la ville annoncent l'ouverture des solennités séculaires.
Leurs voix font penser aux harmonies dont retentissaient
les airs, en semblables circonstances , quand Douai possé-
dait ses six paroisses, ses dix-neuf séminaires et ses nombreux couvents ; quand Saint-Amé debout unissait la voix
de ses bourdons à la voix des bourdons de Saint-Pierre.
Mais , malgré leur faiblesse , les sons de ces cloches ont aujourd'hui quelque chose de saisissant : ils annoncent une
fête qui ne se renouvelle que tous les siècles , une fête qui
va se célébrer avec d'insignes faveurs du Chef suprême de
l'Église , et dont les pompes extraordinaires seront les plus

(1) Le maître-autel fut consacré sous l'invocation de saint Jacques
et des patrons des trois églises qui existaient autrefois dans la circonscription de la paroisse actuelle : saint Albin , saint Amé et saint
Nicolas. L'autel du Saint-Sacrement avait été consacré quelques mois
auparavant par Monseigneur Desprez , évêque de Saint-Denis (île
Bourbon) , sous l'invocation de saint Maurand et de saint Chrétien.

grandes que la Religion ait célébrées dans nos murs. Une voix vient tout-à-coup se joindre à ces voix d'airain exclusivement consacrées à la Religion ; cette voix nouvelle est celle qui n'est accoutumée qu'à entretenir les citoyens des intérêts de la cité ; elle s'élance de la tour du beffroi , et , à ses sons majestueux , se mêlent ceux du carillon qui chante les airs les plus joyeux et les plus populaires. L'union de ces cloches est un magnifique symbole : seule , la cloche du beffroi qui , il y a deux siècles, prêtait ses harmonies aux fêtes commémoratives du Saint-Sacrement de Miracle , dit hautement que la piété des anciens échevins se retrouve dans les magistrats de nos jours, et, en se confondant avec celles qui retentissent au sommet de nos temples , elle proclame au loin l'unanimité des sentiments qui règnent dans la cité pour honorer le Dieu caché au Saint-Sacrement de l'autel.

Monseigneur l'Archevêque de Cambrai et Monseigneur l'Évêque de Nevers que le clergé de la ville est allé prendre chez M. le Curé Archiprêtre de Saint-Pierre , viennent processionnellement à l'église Saint-Jacques. L'Archevêque, précédé de la croix métropolitaine et des insignes de sa dignité, s'avance devant le dais sous lequel l'Évêque de Nevers, Prélat officiant , donne la bénédiction au peuple qui s'agenouille sur le passage du cortége , et tous les membres du clergé chantent en chœur les strophes de l'hymne sacrée dont l'Église se sert pour invoquer le secours de l'Esprit-Saint. Dès longtemps d'avance, les fidèles se sont empressés de prendre place dans l'église pour assister aux premières Vêpres et entendre la parole éloquente de Monseigneur Du-fêtre à qui est dévolu l'honneur de prononcer le discours d'ouverture.

Après le chant du *Magnificat*, le Prélat monte en chaire, et le texte qu'il a choisi au psaume 117ᵉ annonce les saintes joies qui inondent son cœur. *Hæc dies quam fecit Dominus, exultemus et lætemur in câ.* Ce jour est celui que le Seigneur a fait, réjouissons-nous et tressaillons d'allégresse. Ce sont les paroles que l'Église emploie pour exalter la résurrection de Jésus-Christ. L'orateur les développe pour en faire l'application à la solennité qui commence. Les souvenirs du miracle opéré il y a six siècles, le culte que depuis ces jours les Douaisiens n'ont pas cessé de rendre à la mémoire de ce grand prodige, les fêtes splendides qui en conservaient la mémoire, les anniversaires séculaires qui se renouvelaient avec les révolutions des temps, se présentent à l'esprit de l'orateur qui les voit reparaître, animer la foi et la piété des Douaisiens, se résumer dans les pompes pour lesquelles la maison de Dieu s'est revêtue de tant de magnificence, et qui promettent de se célébrer avec un élan qui fera l'étonnement de notre siècle. Ces jours vont mettre le sceau de la perfection aux solennités qui, depuis quelques années, jettent un si bel éclat sur les contrées du Nord et qui ont donné une preuve si puissante de la foi qui règne encore au cœur des habitants de la vieille Flandre. Cambrai, Lille, Gand ont tour à tour présenté un sublime tribut d'hom-

mages à leur divine Patronne ; il était juste de terminer ces
solennités par une solennité plus splendide encore en l'honneur de Dieu, Notre Seigneur Jésus-Christ aux mérites duquel la Sainte-Vierge doit son exaltation. Ces jours sont
des jours que le Seigneur a faits ; mais, continue l'orateur,
s'ils méritent qu'on les salue avec de pieuses acclamations
d'amour, ce n'est point tant parce qu'ils nous retracent les
âges qui ne sont plus et les merveilles que Dieu opéra dans
ces anciens temps ; ils doivent être appelés des jours donnés par le Ciel à la terre, en ce qu'ils apporteront à la cité
de Douai d'abondantes bénédictions . La bonté divine s'est
montrée prodigue de ses trésors à Cambrai et à Lille pendant les Jubilés séculaires que ces villes ont solennisés ;
l'Auteur de toutes les grâces se complut à récompenser ceux
qui honoraient son admirable Mère, ne sera-t-il point plus
généreux encore à l'égard de ceux qui veulent aujourd'hui
le glorifier lui-même et qui lui préparent un des plus beaux
triomphes que lui ait décernés la terre ? Oui , réjouissons-
nous, tressaillons d'allégresse dans ces jours dont le premier
va luire, *exultemus et lætemur in eâ ,* et pour nous rendre
plus dignes de ces insignes faveurs , ravivons notre foi et
notre amour en Notre Seigneur Jésus-Christ.

Après cet exorde dit avec la solennité que demandait la
circonstance, Monseigneur de Nevers passa au sujet de
méditation qu'il voulait offrir à son nombreux auditoire : les
grandeurs de Jésus-Christ. Son discours fut comme un
chant de louanges adressé à l'auguste objet de la fête et

comme l'exorde de tous ceux qui, pendant l'octave, allaient faire retentir les voûtes sacrées de nos temples.

La bénédiction du Saint-Sacrement termina cette première cérémonie, après laquelle les Prélats furent reconduits processionnellement au lieu où le clergé était allé les prendre.

VIII.

JOURNÉE DU DIMANCHE 15 JUILLET. — PRÉDICATIONS
DE L'OCTAVE.

Le dimanche 15 , avant que les portes du saint lieu fussent ouvertes , le soleil en dorait les coupoles de ses rayons
les plus purs ; une légère brise agitait les longues oriflammes qui paraient de leurs couleurs l'extrémité des tours ; la
nature semblait vouloir être la première à saluer la fête de
Celui qui *marche sur les ailes des vents et qui se pare de la
lumière comme d'un manteau.* A cinq heures , les cloches
de la ville reprennent leurs joyeuses volées de la veille ; les
carillons s'égaient en mêlant leurs refrains aux chants des
oiseaux qui saluent l'aurore. Les Douaisiens s'éveillent au
bruit de l'airain sacré qui leur annonce que le Saint des
Saints les invite à se rendre dans son palais étincelant d'or,
de fleurs et de lumières, pour lui offrir leurs adorations. Ne
dirait-on pas que les anges préposés par le Très-Haut à la
garde de la ville de Douai redisent dans les airs les chants
inspirés autrefois par l'Esprit de toute science au Roi-Pro-

phète : *Levez-vous, soyez dans la joie ; venez vous proster-*
ner devant la face du Seigneur , proclamer qu'il est votre
Roi et faire éclater vos transports par des hymnes de
louanges. Venez, il est celui qui seul est grand ; vos pères
ont été témoins des prodiges qu'il a opérés ; venez, adorez-
le, car vous êtes son peuple et c'est lui qui vous a faits.
Aujourd'hui, il va vous faire entendre sa voix, n'endur-
cissez point vos cœurs ; venez, adorez-le, pleurez vos ini-
quités devant lui et rendez-vous dignes de ses bénédictions.
Les rues sont sillonnées de nombreux fidèles qui, de tous les
côtés de la cité, se rendent en silence vers l'église jubilaire
dont les voûtes retentissent des chants qui saluent l'*Hostie*
salutaire, au moment où le Saint-Sacrifice commence.
Lorsque la Messe est achevée, on annonce à la foule le prédicateur qui veut bien se charger de lui donner la méditation, chaque matin des jours de l'octave ; et au nom du révérend père Alphonse-Marie de Ratisbonne qui paraît en
chaire, la foule se rapproche de la tribune sacrée, elle se
resserre pour mieux entendre la parole du prêtre dont la
conversion, opérée il y a quelques années, fit d'un juif et
d'un jeune mondain un chrétien pieux et un prêtre brûlant
du zèle le plus saint. Nous dirons tout-à-l'heure le genre de
la prédication du père de Ratisbonne, ainsi que les premiers
épisodes de cette brillante journée. Hâtons-nous, dix heures
vont sonner : la cloche du beffroi annonce les solennités de
la Messe pontificale, comme, il y a deux siècles, elle annonçait les fêtes du Saint-Sacrement de Miracle, lorsque les

désastres de la guerre avaient rendu muette la cloche principale de Saint-Amé. La multitude innombrable de flambeaux qui étincellent dans les lustres et les candélabres
mêlent leur lumière pétillante à la lumière du soleil qui
remplit le lieu saint ; bientôt les harmonies de l'orgue annoncent l'arrivée du Pontife, Monseigneur l'Archevêque de
Cambrai, qui vient offrir le Saint-Sacrifice. Le Prélat est
précédé des membres du clergé, tous revêtus de chappes
d'or, et, autour de lui, portant les insignes de son autorité,
sont rangés de jeunes élèves du collége Saint-Jean dont on
admire les longues robes de fin tissu de laine blanche recouvertes d'une *casula* d'argent formant de larges plis qui se
relèvent de chaque côté et s'attachent sur l'épaule. L'office
fut célébré avec toute la pompe que le catholicisme qui traite
Dieu en Dieu, comme disait le grand Frédéric de Prusse,
sait déployer dans ses plus grandes solennités. Les cérémonies, le chant, les ornements d'or acquis exprès pour la
fête, tout concourait à présenter aux yeux des fidèles un
spectacle éblouissant ; la piété pouvait se croire transportée
dans le monde qu'habite la Sainteté infinie et où les âmes
des élus, uniquement occupées de la gloire et de l'amour du
Seigneur, jouissent d'un bonheur que sur la terre l'œil ne
voit point et que l'intelligence ne peut imaginer. Pendant
huit jours se déploiera la même pompe ; la piété pourra
comme aujourd'hui se nourrir de pensées célestes en épan-
chant, aux pieds de l'autel, ses actes d'amour au Dieu caché
qui lui communique ici-bas l'avant-goût des délices d'en
haut.

A trois heures, la foule vient se presser encore sous les arcades du saint lieu, avide d'entendre la parole du révérend père Souaillard qui s'est acquis une si haute réputation à Lille, lors du Jubilé séculaire de Notre-Dame de la Treille. L'orateur monte en chaire revêtu du froc des enfants de saint Dominique. En ouvrant la bouche, il rappelle qu'autrefois les Dominicains avaient le privilége d'être choisis par les chanoines de Saint-Amé pour parler aux chrétiens dans les fêtes anniversaires du Saint-Sacrement de Miracle, et il remercie Monseigneur l'Archevêque d'avoir bien voulu, dans cet anniversaire séculaire, se souvenir des anciennes traditions de la collégiale qui n'est plus ; il se félicite d'avoir à parler en mémoire de ce grand événement dans une ville qui compte tant de hautes intelligences, et il se promet les plus beaux fruits du saint ministère qu'il est appelé à y exercer. Le sujet de son discours, dans lequel il entre après cet exorde de circonstance, est le dogme de la présence réelle de Jésus-Christ dans le sacrement de l'Eucharistie.

Dès ce début, le célèbre orateur se plaça à la hauteur de sa renommée. Ses considérations sur la profondeur de ce mystère qu'il n'est pas permis à l'intelligence de sonder et que le cœur seul peut comprendre, l'ont amené sur un terrain brûlant où le vrai talent seul a le pouvoir de s'avancer sans crainte. Expliquant l'amour infini de Dieu qui se communique à sa créature, par le besoin d'aimer que ce Dieu a placé dans le cœur humain, il tira les démonstrations de sa thèse du désir et du besoin de l'union que ressent l'amour, des folies même de l'amour, avec une chaleur, une noblesse et une piété telles que l'on pouvait s'imaginer entendre Bossuet lorsqu'il traitait les questions les plus délicates avec la force d'un apôtre unie à la modestie d'une vierge. Le discours du père Souaillard fait dire unanimement que l'orateur ne sera pas moins goûté à Douai qu'à Lille et que dès le lendemain, l'enceinte de l'église sera trop étroite pour contenir ceux qui voudront s'y presser.

Le soir du même jour, Monseigneur l'Évêque de Nevers, qui s'était déjà fait entendre le matin, monte dans la chaire de Saint-Pierre devant laquelle est une foule plus nombreuse que celle qui s'était réunie autour de la chaire de Saint-Jacques (1). La plupart des fidèles veulent entendre les deux orateurs : déjà, après les avoir entendus seulement une fois, on discute sur leur mérite respectif, sur la diversité de leur talent. Tout porte à croire que l'empressement sera égal pour les suivre l'un et l'autre. Ceux qui ne viendront pas les écouter par un véritable esprit de foi, voudront au moins les apprécier, et qui sait si leurs cœurs alors ne s'ouvriront point aux influences de l'Esprit qui souffle d'en haut.

La mission des deux apôtres est de chercher, chacun selon sa méthode oratoire, des âmes qui acceptent les ensei-

(1) Pendant la durée des fêtes, l'église Notre-Dame, vû sa situation à l'extrémité de la ville, n'eut point de prédicateur.

6.

gnements de la foi et qui comprennent l'obligation d'en remplir les devoirs. Parlant à notre siècle le langage dont il a besoin, ils ne s'arrêteront pas aux considérations ascétiques que peut offrir le Miracle du Saint-Sacrement, comme leurs devanciers d'un âge ancien que Douai entendit en des circonstances analogues (1). Ceux-ci parlaient à un peuple fort de croyance et de piété ; les orateurs de nos jours n'ont plus le même avantage ; et, s'il est des hommes qui regret-

(1) Dans nos Recherches sur l'histoire du Saint-Sacrement de Miracle, nous avons parlé des discours prononcés dans la collégiale de Saint-Amé, vers l'année 1725, par le docteur Billuard, théologien célèbre de l'ordre des Frères-Prêcheurs. Depuis l'impression de cet opuscule, M. le président Bigant a bien voulu nous communiquer un volume intitulé : *Les Grandeurs de l'Eucharistie prêchées les douze jeudis de trois mois dans l'église collégiale de Saint-Amé, au sujet de l'hostie miraculeuse qui y est adorée. Par le R. P. F. Grégoire de Saint-Martin, de l'ordre des Frères de Notre-Dame du Mont-Carmel, &c.* Cet ouvrage, imprimé en 1688, contient douze sermons écrits avec talent dans le genre de ceux du père Lejeune, et renfermant des détails très-curieux sur les mœurs douaisiennes de l'époque. Ils ont été prêchés aux saluts du soir de douze jeudis *devant tout le religieux peuple de Douai*, et, d'après ce que nous apprennent les approbations des docteurs qui en permirent l'impression, ils ont produit *un grand fruit d'édification*. L'auteur, dont le but est d'exciter la piété envers l'Eucharistie, divise son sujet général en trois séries. Dans la première, il considère ce Sacrement comme une *académie d'amour* où l'on trouve la science des saints ; dans la seconde, comme un *ciel sur la terre* où réside la béatitude, et dans la troisième, comme un *cabinet des ravissements et des excès du divin Benjamin* où l'on apprend à s'épurer des affections de la terre pour se remplir de l'amour du ciel.

L'exorde du premier discours que nous transcrivons donnera l'idée du genre de l'auteur qui, malgré un talent incontestable, n'avait point encore subi l'influence de la révolution qui s'opérait alors dans

tent de ne point les entendre donner une série de discours sur le Saint-Sacrement de Miracle, c'est à notre siècle qu'ils doivent s'en prendre. Quoiqu'il en soit, nul ne pourra s'empêcher d'admirer ces deux talents remarquables et les incroyants, s'il en est, seront forcés de reconnaître, au moins dans le fond du cœur, la vérité de la doctrine catholique dont l'exposition leur sera présentée. Quels orateurs, en effet, pouvait-on désirer dans ces grandes solennités qui

la chaire chrétienne par Bossuet et Bourdaloue. Voici cet exorde :

« Sapientia ædificavit sibi domum.

» La Sapience s'est bâti une demeure. Aux Prov. ch. 9.

» Accourez, chrétiens, accourez, peuples circonvoisins, venez,
» peuples éloignés, venez, âmes dévotes, chers adorateurs de la di-
» vine Eucharistie, venez à la foule en cète ville de Douay, en cète
» églize de Saint-Amé, en cète chapelle miraculeuse, en ce sanctuaire
» de Jésus, en ce cabinet de la Sagesse éternelle. Venez, non pas tant
» pour y trouver une Académie des sciences, dont vous puissiez re-
» paitre la curiosité de vos esprits, que pour y trouver une Académie
» d'amour, dont vous puissiez contenter les désirs les plus ardens et
» les plus embrazés de votre cœur. *Sapientia ædificavit sibi domum.*
» La Sapience s'est érigé un palais, *miscuit vinum, et posuit mensam.*
» Elle a mélangé du vin et a dressé la table sacrée de la très-sainte
» Eucharistie. *Ædificavit Academiam,* dit un savant interprète. Ouy,
» la Sapience du Père éternel s'est érigé un collège, une université,
» une académie d'amour, où vous trouverez quatre facultez aussi
» bien que dans l'académie des sciences : la philosophie, la méde-
» cine, la jurisprudence, la théologie du divin amour, où l'on en-
» seigne toutes les leçons et les loix de la sainte dilection, où l'on
» admire la philosophie renversée, la médecine épuizée, le droit
» réglé, la théologie surpassée.

» Voilà, Messieurs de Douay, chers adorateurs, que je dois appeler
» désormais mes chers condisciples, pour être avec moi les disciples
» de Jésus dans son adorable école de l'Eucharistie ; voilà la maison,
» le palais, l'académie que notre aymable Docteur s'est bati en cète

mieux que l'Évêque de Nevers et le père Souaillard donne-
raient à ces pompes religieuses leur véritable caractère et
leur feraient produire les fruits que la foi a droit d'en attendre. Ils sont dignes l'un et l'autre de la ville qui se souvient
d'avoir autrefois porté le nom d'*Athènes du Nord ;* l'un et
l'autre , quoiqu'avec un mode différent , sont éminemment
capables de remplir le rôle sublime d'élever les âmes vers
Dieu par la parole, de les émouvoir et de les provoquer à
s'animer du noble désir de chercher le bonheur pour lequel
elles sont créées.

Formé à la milice sainte dès l'aurore de ce siècle , nourri
des leçons de ceux qui avaient entendu les Brydaine , les
Legris-Duval et les de Neuville , Monseigneur l'Évêque de
Nevers entra dans le ministère de la prédication au moment
où les abbés de Rauzan et de Mac-Carthy étaient les grands

> églize dans le Saint-Sacrement de l'autel , et dont les quatre facul-
> tez sont diamétralement oppozées à celles de la fameuse et illustre
> Académie des sciences que les Papes et les Rois ont établie , main-
> tenüe et favorisée dans votre ville. *Philosophie, médecine, jurispru-*
> *dence, théologie* du divin amour. 1º *Philosophie* d'amour qui renverse
> tous les principes de la *philosophie* profane. 2º *Médecine* d'amour
> qui épuize tous les remèdes de la *médecine* naturelle. 3º *Jurispru-*
> *dence* d'amour qui règle les axiomes du *droit* et des loix humaines.
> 4º *Théologie* du divin amour , qui borne toutes les frontières de la
> *théologie* commune. *Sapientia ædificavit Academiam.*

> Suivez-moy,(s'il vous plait) mes frères pour entrer de compagnie
> dans les quatre classes de cète divine Académie, où j'ay dessein
> d'apprendre avec vous les maximes du saint amour les quatre jeu-
> dis de ce mois ; mais arrétons-nous un peu à la porte, qui est la
> divine Marie, pour luy demander les lumières du Ciel par les paro-
> les d'un ange qui luy dit : *Ave Maria.* »

prédicateurs en vogue ; comme eux, il adopta les traditions de l'école qui avait lutté contre l'esprit révolutionnaire et sauvé en France l'esprit chrétien. Athlète intrépide, il soutient depuis trente-cinq ans les combats de la foi ; il n'est pas de grande ville de France qui ne l'ait entendu , il n'est pas d'orateur sacré qui n'ait reçu plus d'applaudissements et opéré plus de bien. Comme celle des apôtres , sa parole a retenti à l'orient et à l'occident ; son nom peut être placé à côté des noms de ceux qui ont inspiré le souffle de la foi à notre patrie. Le caractère épiscopal dont on le décora en 1842 ne fut qu'une tardive récompense de ses talents et de son zèle. Aujourd'hui, quoiqu'arrivé à l'âge où les forces de l'homme faiblissent, Monseigneur Dufêtre n'a rien perdu de sa vigueur ; son zèle est encore aussi prodigieux qu'au temps où, simple missionnaire, il comptait les jours par des triomphes ; et sa voix toujours aussi majestueuse, sa parole toujours aussi vibrante remue encore les cœurs avec force , et les fait tour à tour palpiter de crainte , d'espérance et de charité.

Entré dans la lice au moment où Lacordaire créait une nouvelle école , le père Souaillard s'est formé sur le modèle de ce grand orateur et , comme lui , il s'est affranchi de ce que l'on appelle le genre classique. Il se distingue par une piquante originalité de style et d'expressions et brille surtout par des mouvements hardis et des incidences sublimes ; sa parole est forte , son geste plein de grâce et d'énergie ; plus heureux que son maître , disent ses admirateurs , il sait toujours garder dans sa pose la dignité de la chaire , et, au milieu des plus hautes considérations, il a le talent de descendre dans les détails pratiques de la vie chrétienne qui font de ses discours autre chose que de magnifiques appels aux intelligences pour les engager à accepter les enseignements de la foi , ou au moins à en étudier les preuves. Il y a dans la manière dont ses raisonnements sont présentés un prestige qui séduit ; on est forcé de l'écouter , de le suivre, de s'attacher à ses lèvres. C'est, en même temps , un savant plein de franchise et d'amabilité qui parle , et un lutteur qui jette le gant à l'incrédulité avec une audace et une conviction si profonde que l'incrédulité ne se sent pas la force de le relever. Ses réflexions remuent l'âme toute entière, et le triomphe est d'autant plus beau que l'orateur semble ne pas se douter de l'effet qu'il produit. C'est ainsi, pour ne citer qu'un mot, que dans son premier discours, il fit trépigner son auditoire d'admiration lorsque , parlant des folies de l'amour : « Messieurs, dit-il avec simplicité, je vous parle saintement, écoutez-moi saintement !... » Et dans son discours du lendemain , lorsque montrant le dévouement de la charité chassé de l'Angleterre par l'impur Henri VIII qui proscrivit les défenseurs du dogme de la présence réelle de Jésus-Christ dans l'Eucharistie, il dit : « Vous en savez la date, Messieurs, car c'est chez vos aïeux que ces illustres proscrits reçurent l'hospitalité. »

Pour ne point avoir à revenir sur ce sujet, donnons ici la nomenclature des discours prononcés pendant l'octave par l'illustre dominicain. Le lundi, l'orateur montra que dans la communion est renfermée la vie de l'âme chrétienne et la vie de la société. Sans elle, il n'y a plus de véritable charité, plus d'abnégation, plus de dévoûment, mais seulement un sentiment de bienfaisance humaine qui secourt le malheureux à condition de n'avoir rien à souffrir, ou qui ne consent à se dévouer que sous la pression d'un enthousiasme passager. Ce discours était le développement sublime du texte de l'Évangile : *Si vous ne mangez la chair du Fils de l'Homme, et si vous ne buvez son sang, vous n'aurez pas la vie en vous.*

Le lendemain, il envisagea la question de la confession sous le point de vue dogmatique, et le jour suivant sous le point de vue moral. Après avoir fait passer devant lui les dix-huit siècles du Christianisme qui, par leurs usages et les écrits de leurs docteurs formulent le plus éclatant témoignage en faveur de cette doctrine, il montra l'acte de la confession naissant d'un besoin placé dans l'âme par le Créateur, et tirant un admirable parti de la position sociale d'un grand nombre de ses auditeurs, il demanda si l'aveu du crime ne produisait pas d'abord un immense soulagement dans l'âme du coupable, puis et principalement, la pitié, la propension à la miséricorde et presque l'affection du juge pour cet infortuné. La péroraison de ce dernier discours, toute inspirée par le cœur, fit pétiller des larmes dans bien des yeux ; elle présenta le prêtre pleurant avec le pénitent qui lui confie les secrets de ses iniquités, le pressant dans ses bras , et éprouvant pour lui quelque chose de plus que de l'amour : une sorte de respect et presque de la vénération.

Le dogme d'une vie future et des peines qui sanctionnent les lois que l'homme reçut de Dieu , fut le sujet du discours du jeudi. Ce point de foi fut exposé avec toute la force du talent qui invoque tour-à-tour l'autorité de la révélation, de la raison, de l'histoire de toutes les religions et de tous les peuples , enfin l'idée d'un Dieu qui, s'aimant nécessairement parce qu'il est infiniment parfait , ne peut vouloir s'accorder lui-même en récompense à l'être raisonnable qui, mourant son ennemi et perdant par la mort la liberté , se trouve dans l'impossibilité de retrouver un acte libre de repentir et d'amour. L'orateur fut surtout admirable dans ce discours en mettant en scène l'incrédule qui , dédaignant l'Église catholique à cause de son enseignement sur les peines de l'éternité , s'en va frapper à la porte de toutes les religions , et promène son incrédulité de l'Église catholique au protestantisme , du protestantisme au judaïsme , puis à l'islamisme , au polythéisme ancien et enfin se trouve forcé de tomber dans un athéisme affreux, de rejeter la distinction du bien et du mal, et d'admettre comme licites le vol, le parjure et l'assassinat.

Le jour de la fête de saint Vincent de Paul , qui se célébrait le vendredi , était une belle occasion pour parler de la charité. Le catholicisme triomphant de toutes les sectes par la charité, tel fut le sujet du discours qui fut le triomphe du père Souaillard. La vérité semblait se dresser de toute sa hauteur pour défier le monde de résoudre autrement que selon les vues de l'Évangile le grand problème de l'extinction de la pauvreté.

Enfin, le samedi, l'éloquent orateur exposa la doctrine catholique sur la justification et l'admission des élus dans la bienheureuse éternité. En entendant ce discours, on se disait avec regret qu'il serait le dernier. Le charme que cette parole avait jeté dans les intelligences et dans les cœurs était de jour en jour devenu plus puissant ; aucun de ceux qui font partie de l'élite de la société n'y était resté étranger ; tous avaient voulu l'entendre, tous avaient été séduits, et dans cette ville où le talent de la parole est non seulement connu, mais encore possédé à un haut degré par des hommes appartenant soit à la magistrature, soit au barreau, soit à la Faculté des lettres, les applaudissements avaient été unanimes. Chaque jour, la foule était devenue de plus en plus grande ; après avoir élargi, puis élargi encore l'enceinte réservée aux hommes, on fut forcé de laisser ceux-ci occuper le chœur, et, le vendredi, les vêpres étaient à peine commencées, qu'il n'était plus possible de trouver une place vide. Le succès du père Souaillard au Jubilé séculaire de Notre-Dame de la Treille fut surpassé par celui obtenu au Jubilé séculaire de Douai. L'orateur n'eut pas seulement à remercier Dieu en voyant devant lui une multitude avide de l'entendre, le Seigneur lui accorda de plus la consolation de voir un certain nombre d'hommes venir conférer avec lui, faire le pas qui constitue le retour aux

pratiques de la religion, ou au moins lui promettre après ces
conférences intimes d'étudier sérieusement la doctrine catholique qu'ils avaient jusque-là regardée comme indigne
d'eux.

Monseigneur l'Évêque de Nevers n'était pas moins heureux à Saint-Pierre que le père Souaillard à Saint-Jacques.
Mieux écouté des chrétiens que des hommes du monde, il
réveilla la foi assoupie dans les cœurs, en traitant les principales vérités de la foi et de la morale chrétienne. De graves
méditations sur le péché, la mort, le jugement, la conversion, le scandale, le respect-humain, furent par le Prélat
présentées tour-à-tour à la foule qui remplissait la grande
nef de l'église, et dans laquelle tous les rangs de la société
se trouvaient confondus. Les ouvriers surtout aimaient à
entendre sa parole retentissante empreinte d'un accent de
vive piété et du zèle le plus ardent pour le salut des âmes.

Plein de majesté dans ses grands sermons du soir, Monseigneur Dufêtre était surtout admirable dans les conférences qu'il donnait aux dames à onze heures et demie. Dans
ces entretiens familiers qui exposaient les devoirs de la
femme en ses diverses positions d'épouse, de mère et de
maîtresse de maison, le pieux Prélat, grâce à l'étude profonde qu'il a faite du cœur humain, et aux leçons qu'il a
puisées dans une grande connaissance du monde, enseignait
à son auditoire les moyens d'user de l'influence dont la
femme jouit dans la famille pour établir et conserver la paix,
se sanctifier et travailler à la sanctification des autres. Ces

considérations l'amenaient à mettre en scène certains défauts caractéristiques, à tracer des tableaux d'intérieur dans lesquels on pouvait facilement se reconnaître, et le tour original de la pensée permettait à la vérité, quelque dure qu'elle fût parfois, d'aller à son adresse sans jamais blesser la susceptibilité, et de faire dire intérieurement que l'on devait travailler à devenir meilleure.

Les sermons et les conférences de chaque jour ne suffisaient pas au zèle de l'Évêque de Nevers; partout on pouvait réclamer son ministère apostolique, et toutes les maisons religieuses de la ville furent heureuses de le posséder quelques heures. Il prêcha, pendant le Jubilé, aux élèves du collège Saint-Jean, aux Dames de Flines et à leurs pensionnaires, aux Dames et aux élèves de la Providence et de la Sainte-Union. Le jour de la fête de saint Vincent de Paul, après avoir parlé, à huit heures, aux membres de la Conférence placée sous le patronage de ce grand héros de la charité, il allait, à dix heures, entretenir des vertus de ce saint les vieillards de l'Hôpital-Général, et, en sortant de cet établissement, il montait en chaire pour s'adresser à son auditoire ordinaire. On disait en ville qu'il y avait dans ce bon Prélat quelque chose de plus admirable que le talent avec lequel il parlait à tous et à chacun en particulier, c'était le zèle qui le portait à se diviser pour ainsi dire et à se donner néanmoins tout à tous.

Comme les deux prédicateurs, Monsieur de Ratisbonne parla en chaire tous les jours. Sa parole n'était point celle d'un orateur proprement dit, c'était celle d'un cœur rempli d'amour de Dieu qui s'épanchait dans les cœurs. Toujours simple et empreinte de cette douce onction qui rassasie l'âme où règne déjà la foi, on ne pouvait, en l'entendant, s'empêcher de désirer servir et aimer Dieu avec plus d'amour. Dans ses méditations, il était sans cesse ramené à considérer la Sainte-Vierge. Cette tendance affectueuse n'échappait à personne, et quand le nom de Marie revenait sur ses lèvres, on remarquait dans sa voix une accentuation qui trahissait une nouvelle émotion de l'âme; ses yeux brillaient d'un éclat plus vif, et des hommes qui n'étaient venus l'entendre que par curiosité ne se sentirent pas moins émus que les personnes pieuses dont l'auditoire était principalement composé. Les longues heures que le père de Ratisbonne passa chaque jour au tribunal de la pénitence où il se rendait en descendant de chaire, témoignaient hautement du feu de son zèle et des heureux effets produits par la simplicité de sa parole.

Avant de terminer ce chapitre, disons un mot du salut du dimanche soir, dont le chant fut exécuté per les membres de la Société dite de Sainte-Cécile. Ces jeunes gens qui avaient accepté avec bonheur l'invitation de faire hommage de leurs mélodies au Saint-Sacrement de Miracle, chantèrent avec talent les louanges du Dieu d'amour et de l'auguste Reine que l'Église salue du nom d'*Étoile de la mer*. Malheureusement, des modifications apportées le jour même au programme concernant l'heure de cet office, les empêchèrent de goûter la satisfaction de se faire entendre d'une grande multitude de fidèles. En jeunes gens chrétiens, ils se consolèrent par la pensée qu'ils avaient fait une bonne œuvre, et que le Seigneur, dont ils avaient célébré la gloire, leur tiendrait compte de l'offrande mélodieuse qu'ils lui avaient présentée.

IX.

PÈLERINAGES.

Le 24 mai, messieurs les Curés des paroisses des trois
cantons de Douai, du canton d'Arleux et de celles du diocèse d'Arras qui sont rapprochées de Douai, recevaient
l'invitation de venir processionnellement en pèlerinage vé-
nérer le Saint-Sacrement pendant les fêtes du Jubilé séculaire (1). Tous accueillirent cette proposition avec grand
plaisir, et, le dimanche suivant, ils la communiquèrent à

(1) Voici la lettre qui leur fut écrite ; en la transcrivant, nous
prions MM. Désiré Cliquet et Félix Lefebvre de recevoir nos remer-
ciments pour le zèle avec lequel ils nous ont aidé à écrire la volu-
mineuse correspondance nécessitée par la Fête.
    « Mon cher confrère,
    » La ville de Douai, vous le savez, se dispose à célébrer le Jubilé
séculaire du Saint-Sacrement de Miracle. D'après les désirs de Monseigneur l'Archevêque, cette cérémonie doit avoir tout l'éclat qui con-
vient au sacrement auguste qui en sera l'objet, et, d'après ses ordres,
j'y convoque tous ceux qui s'intéressent à la gloire de Dieu et de la
religion ; je les engage même à y prendre une part active et à se
servir de leur influence pour y amener ceux qui leur sont soumis.
Monseigneur l'Évêque d'Arras m'a autorisé à tenir la même conduite
à l'égard de Messieurs les Curés de son diocèse. Ces deux vénérés
Prélats donneront l'exemple à leur clergé en venant à Douai en pèlerinage solennellement, à la tête de leur Chapitre, et verront avec plai-

leurs ouailles au prône de la Messe paroissiale. Les fidèles, heureux de connaître qu'on les jugeait dignes de prendre une part active aux grandes fêtes dont les bruits avant-coureurs étaient déjà parvenus jusqu'à eux et qu'on les conviait à jouir des faveurs spirituelles offertes aux chrétiens pendant ce Jubilé de cent ans, se montrèrent empressés de seconder les pieuses intentions de leur pasteur à cet égard. De tous côtés on se disposa donc à venir *servir* le

sir leur exemple suivi. J'ai donc l'honneur, mon cher confrère, de vous inviter à venir à Douai processionnellement avec vos paroissiens, un des jours de l'Octave jubilaire qui aura lieu dans l'église Saint-Jacques, du 14 juillet prochain au 22, jour où se fera la grande procession. Si je ne connaissais votre zèle, je vous rappellerais tout ce que ces grandes démonstrations ont de puissance pour raviver la foi. Je me contenterai de vous dire que vos paroissiens pourront gagner l'indulgence du Jubilé, ce à quoi vous ne manquerez pas de les exciter. J'aime à croire que MM. les Curés des environs de Douai feront au moins ce qu'ont fait MM. les Curés des environs de Lille, lors de la fête séculaire de Notre-Dame de la Treille ; quelques-uns d'entre eux sont venus avec leurs paroissiens d'une distance de trois lieues : des chariots que les fermiers avaient mis à leur disposition ont aidé dans le voyage ceux qu'une trop longue route pouvait incommoder. Vous disposerez votre procession comme vous voudrez, vous ne serez astreint qu'à vous entendre avec moi pour le jour et l'heure précis de votre pèlerinage. Vous choisirez en cela ce qui sera le plus à votre convenance, m'en donnerez avis, et ensemble, soit par lettre, soit de vive voix, nous prendrons une détermination. Les heures des pèlerinages solennels seront de six heures à neuf heures et demie. MM. les Curés pourront célébrer la Messe à l'église jubilaire et les paroissiens y communier. Le programme que vous recevrez en temps opportun vous indiquera le cérémonial à observer dans l'église.

» Agréez, je vous prie, mon cher confrère, l'assurance de ma cordiale affection et de mon dévoûment.

» CAPELLE,
» *Ch. mission. apost.* »

Saint-Sacrement de Miracle : les fermiers promirent leurs voitures , les processions s'organisèrent et presque partout , dans le désir de paraitre alors dans les rues de la ville d'une manière honorable , on se cotisa pour acquérir une nouvelle bannière soit du Saint-Sacrement , soit de la Mère de Dieu ou du patron de la paroisse.

L'élan se communiquait de proche en proche ; il allait de la ville aux campagnes , et les campagnes à leur tour rivalisaient de zèle pour rendre témoignage de leur foi. La fête du Saint-Sacrement de Miracle devenait la fête de la contrée entière. Tous les regards se tournaient vers la ville de Douai qui était en quelque sorte semblable à cette ville de la Judée où devait paraitre le Désiré des nations , et , au jour où commença le Jubilé , notre cité put se croire en droit de s'appliquer dans un sens accommodatif les paroles par lesquelles un prophète salua Jérusalem : *Lève-toi, ville privilégiée du ciel ; la gloire du Seigneur s'est montrée sur ta tête ; regarde à tes côtés , vois-tu ces multitudes qui affluent dans ton sein ? De l'orient et de l'occident elles se sont levées , elles se sont parées pour venir dans tes murs. Dilate ton cœur, ces fils et ces filles t'apportent l'encens de leurs prières , l'or de la pureté de leur âme : tous chantent les louanges de ton Dieu.*

Quel spectacle plus touchant peut remuer l'âme , que celui des habitants de nos campagnes accourant sur les pas de leurs pasteurs s'unir aux Douaisiens par les liens d'une fraternité qui a Dieu lui-même pour centre , allier les

7

adorations des champs aux adorations de la ville, faire
retentir les rues et les places publiques qu'ils traversent des
chants inspirés que renferment les livres saints. Écoutez ces
accents répétés par des voix virginales unies aux voix des
artisans qui ont quitté leurs travaux pour venir adorer le
Saint-Sacrement de Miracle. On dirait que David, rempli
de l'esprit de Dieu, voulut, en saluant Jérusalem, composer pour nos solennités l'hymne que chantent les pèlerins
à leur entrée dans nos murs :

*Je me suis réjoui à cause de ce qui m'a été dit, que nous
irons dans la maison du Seigneur.*

*O Jérusalem ! nos pieds sont fermes et en assurance
dans ton enceinte ; tu es bâtie comme une ville dont toutes
les parties sont dans une parfaite union entre elles.*

*C'est chez toi que viennent toutes les tribus, les tribus du
Seigneur, pour y célébrer les louanges de Dieu.*

*O vous qui êtes du nombre du peuple qui vient dans
cette ville, demandez à Dieu tout ce qui peut contribuer à
lui donner la paix : ô ville bien-aimée ! que ceux qui t'ai-
ment soient dans l'abondance.*

*Que la paix soit dans tes forteresses et l'abondance
dans tes tours. J'ai parlé de paix pour toi, et je te l'ai
souhaitée à cause de mes frères et de mes proches qui sont
dans ton enceinte ; et j'ai cherché à te procurer toutes sortes de biens à cause de la maison du Seigneur notre Dieu,
où j'ai le bonheur de pénétrer* (1).

(1) Psaume cxxi.

En avançant à travers la cité , on entonne l'hymne que chantait David, lorsqu'éloigné de Sion, il soupirait après le moment où il lui serait donné de se prosterner devant l'arche du Seigneur :

O Dieu des vertus, que vos tabernacles sont aimables ! Mon âme désire être dans la maison du Seigneur, et l'ardeur de ce désir la fait tomber presque dans la défaillance.

Mon cœur et ma chair s'unissent dans les mêmes transports pour chanter les louanges du Dieu vivant.

Le passereau trouve une retraite pour s'y abriter et la tourterelle un nid pour y placer ses petits ; ô Seigneur des vertus ! ô mon Roi ! ô mon Dieu ! vos autels sont pour moi ce que l'abri est pour le passereau , le nid pour la tourterelle.

Heureux , Seigneur, ceux qui demeurent dans votre maison ! ils vous loueront dans tous les siècles.

Heureux l'homme , ô mon Dieu , qui attend de vous son secours , et qui, dans cette vallée de larmes , médite continuellement dans son cœur les moyens de s'élever vers vous !

Celui qui a donné la loi, donnera aussi sa bénédiction à ceux qui désirent la suivre ; ils s'avanceront de vertu en vertu et ils verront le Dieu des Dieux dans la céleste Sion qui est le lieu de sa demeure.

O Seigneur, Dieu des vertus, je mets toute ma confiance en vous, je désire m'unir à vous ; exaucez ma prière, rendez-y votre oreille attentive , ô Dieu de Jacob !

O Dieu qui êtes notre protecteur, regardez-nous et jetez vos yeux sur moi.

Un seul jour passé dans votre demeure vaut mieux que mille jours partout ailleurs.

C'est pourquoi j'aime mieux être un des derniers dans la maison de mon Dieu , que d'habiter au milieu des pécheurs.

Parce que Dieu aime la miséricorde et la vérité qui ne se trouvent point chez les impies , et le Seigneur donnera la grâce et la gloire à ceux qui lui seront fidèles.

Il ne privera point de ses biens ceux qui marchent dans l'innocence. Seigneur, Dieu des vertus , n'ai-je pas raison de dire qu'heureux est l'homme qui espère en vous ? (1).

Ce sont les paroisses de Quiéry et de Beaumont (diocèse d'Arras) qui ont obtenu l'honneur de se présenter les premières ; elles arrivent le dimanche 15 , à sept heures et demie du matin et sont bientôt suivies de celle d'Équerchin. La cloche les salue à leur approche de l'église ; des maîtres de cérémonies les reçoivent au portail et les introduisent pendant que le clergé chante l'acte d'adoration à l'hostie exposée sur l'autel. Les fidèles réunis dans le lieu saint contemplent avec attendrissement ces processions composées de jeunes filles vêtues de blanc et voilées portant de jolies bannières ; après elles , sont les jeunes garçons qui ont aussi leurs étendards, puis les membres de la confrérie du Saint-

---

(1) Psaume LXXXIII.

Sacrement, le flambeau à la main, et enfin, derrière le pasteur, MM. les marguillers que suit la foule des pélerins.

Voici l'ordre suivi dans la réception des processions étrangères, leur station dans l'église et leur sortie : pendant qu'elles prennent place à droite dans le transept, le chœur qui, en entrant, a entonné l'*Ave verum*, continue l'antienne dans le sanctuaire ; M. le Curé chante l'oraison du Saint-Sacrement au pied de l'autel ; puis, un prêtre, du haut de la chaire, invite les pélerins à réciter avec lui cinq fois l'oraison Dominicale et la Salutation angélique aux intentions du Souverain-Pontife, pour gagner l'indulgence du Jubilé ; la prière terminée, le pasteur célèbre le saint sacrifice pendant lequel les jeunes filles, si elles y sont préparées, chantent des cantiques. Après la Messe, chaque procession ayant appendu sa bannière principale aux murailles du saint lieu, sort de l'église en tournant derrière le sanctuaire, et se remet en marche au chant du *Magnificat*.

JOURNÉE DU LUNDI.

Le lundi, à sept heures, nous saluons les processions de Roucourt et d'Erchin qui ne sont pas très-nombreuses. A sept heures et demie, c'est celle de Roost-Warendin en tête de laquelle se déploie une élégante bannière brodée d'or et de soie ; des guirlandes de fleurs délicates tombent de son extrémité supérieure et sont soutenues par des demoiselles au costume virginal, heureuses de faire partie de la Congrégation de la Persévérance sous les auspices de la Vierge immaculée dont leur bannière supporte la gracieuse image.

Aubigny et Fressain ont quitté leur territoire dès cinq heures. Les nombreux chariots des fermiers ont amené les pèlerins jusqu'aux portes de la ville, d'où ceux-ci se sont dirigés vers l'église jubilaire. Fressain n'a pas seulement dans ses rangs des jeunes filles qui escortent la bannière de la Sainte-Vierge en chantant des cantiques ; cette procession se fait surtout remarquer par ses petits bergers au costume traditionnel et par un groupe de jeunes garçons qui, une gerbe de blé sur l'épaule, rappellent les petits moissonneurs qui figuraient à la procession séculaire de Notre-Dame de Cambrai.

Ces deux paroisses sont encore dans l'église lorsqu'arrivent les pèlerins de Flines qui n'ont pas fait moins de chemin que ceux de Fressain et d'Aubigny pour venir adorer le Saint-Sacrement. Ici les groupes ne sont pas si nombreux que dans la procession qui se retire, mais la foule des fidèles qui marchent sur les pas du pasteur compense le vide que l'on peut regretter de voir dans le cortége. D'ailleurs, les jeunes filles de Flines se disposent en très-grand nombre à paraître dimanche dans les rangs de la grande procession ; elles veulent laisser à leur robe toute sa fraicheur pour la cérémonie : ne leur disons pas qu'elles ont manqué de zèle, applaudissons plutôt à la piété de ceux qui, formant une réunion de plus de deux cents personnes, font un courageux acte de foi au dogme de la présence réelle de Notre Seigneur dans l'Eucharistie.

A dix heures , voici la paroisse de Saint-Pierre qui vient
à son tour honorer le Saint-Sacrement de Miracle. La
longue procession composée des élèves des divers pension-
nats est présidée par Monseigneur l'Évêque de Nevers revêtu de ses habits pontificaux. Derrière le dais sont MM.
les membres du conseil de fabrique et la foule des fidèles.
Le Prélat officia pontificalement , et après la Messe dont le
chant fut exécuté par la chapelle de l'église Saint-Pierre
sous la direction de l'auteur , M. Heisser , Sa Grandeur
prononça devant l'assistance un sermon sur le sacrement
de l'Eucharistie.

Telle fut , en y ajoutant l'office du soir, la seconde journée de l'octave séculaire. Personne ne sort de l'église sans
se sentir porté à aimer Dieu davantage , sans éprouver de
ces douces émotions que les fêtes du monde ne peuvent
procurer et qui donnent une idée des joies interminables du
ciel.

MARDI.

La pluie qui survient aujourd'hui vers cinq heures con-
trarie les paroisses dont les processions sont attendues. Le
Forest (diocèse d'Arras) , Auby et Cantin renoncent à se
mettre en marche. Cantin surtout déplore le mauvais temps
qui l'arrête : hier, dans cette paroisse, M. Adolphe Billet, le
propriétaire de la grande usine , avait dit à ses nombreux
ouvriers : « C'est demain le jour où Cantin va en pèleri-
» nage à Douai au Saint-Sacrement de Miracle ; vous êtes

» tous catholiques comme moi , vous aimerez à y aller
» comme vos femmes et vos enfants ; demain sera pour
» vous comme s'il était dimanche , nous ne travaillerons
» pas. Trouvez-vous tous ici à six heures , nous partirons
» tous ensemble , en suivant M. le Curé et la procession.
» Quant à votre journée , je vous la paierai comme à l'or-
» dinaire. » Cantin n'est pas venu en pélerinage, au moins
processionnellement ; les travaux de l'usine ont été suspen-
dus , et les ouvriers du maître catholique que Dieu bénit
ont reçu leur salaire accoutumé.

Férin, Estrées et Arleux se sont néanmoins mis en route ;
les habitants de ces paroisses ont voulu réaliser le vieux pro-
verbe du pays qui dit que *la pluie du matin n'arrête pas
le pèlerin*. Bien leur en a pris ; car, à sept heures, la pluie
cessait de tomber, les nuages se dissipaient, et le soleil promettait une journée aussi belle que celles dont la fête a été
favorisée jusqu'ici. Férin , qui porte une fort jolie bannière
du Saint-Sacrement , arrive accompagné des députations de
Lécluse et de Tortequennes (diocèse d'Arras) ; Estrées ,
dont les jeunes garçons ont des étendards sur lesquels sont
peintes les stations du Chemin de la Croix , survient à son
tour, et, à neuf heures, on annonce la procession d'Arleux.

Celle-ci est la plus belle que nous ayons encore reçue.
Plus de cent jeunes filles vêtues de blanc et d'une manière
uniforme , parées d'une écharpe de soie bleue rehaussée
de paillettes d'argent , suivent , en formant les cordons du
cortége , la croix que précède le suisse en grand costume ;

au milieu des rangs des jeunes filles flottent les belles bannières de la Sainte-Vierge et du Saint-Sacrement , et devant
un chœur nombreux de chantres, les harmonies d'un corps
de musique remplissent d'une pieuse allégresse tout ce gracieux ensemble. En voyant les nombreux pèlerins qui se
pressent derrière le pasteur , les Douaisiens apprennent que
si , dans l'ancienne ville d'Arleux , on cultive les arts et si
l'on connaît le bon goût , les habitants s'y distinguent surtout par les sentiments d'une foi vive qu'ils ne craignent
pas de montrer. Pendant la Messe , célébrée par M. le
doyen d'Arleux , le chœur entonna quelques chants de
l'office du Saint-Sacrement , et les musiciens , en alternant
avec le chœur , exécutèrent des morceaux d'harmonie ap-
propriés à la fête.

A dix heures , le clergé de la paroisse Saint-Jacques se
rendit au collége Saint-Jean pour y recevoir le Chapitre de
la métropole de Cambrai. Sur la proposition de Monseigneur
l'Archevêque , les membres de ce vénérable corps avaient
décidé qu'ils seraient venus offrir un hommage solennel au
Saint-Sacrement de Miracle , et Monseigneur , à son tour ,
sur leur invitation , avait promis de se trouver au milieu
d'eux et d'officier pontificalement (1). Les Chanoines , revêtus de leur habit de chœur fourré d'hermine , s'avancèrent
en procession , précédés des élèves et des professeurs de

(1) Le programme désignait le mercredi pour le jour de ce pèlerinage ; mais Monseigneur devant ce jour-là donner la confirmation à
Roubaix , le programme subit une modification.

l'établissement où ils étaient descendus ; à l'église, ils chantèrent l'office canonial , et la Messe à laquelle deux d'entre
eux nés à Douai (1) firent les fonctions de diacre et de
sous-diacre , fut célébrée avec le même appareil que le
dimanche précédent.

Jusqu'ici nous avons vu les processions des pélerins se
succéder depuis sept heures jusqu'au commencement de
l'office pontifical ; jetons maintenant un coup-d'œil sur ce
qui se passe dans l'église depuis l'office pontifical jusqu'aux
Vêpres. Sur l'autel où la lumière de plus de cent bougies ne
cesse de scintiller , brille la radieuse Eucharistie. Dispersés
sous la coupole et dans les nefs , de nombreux fidèles adorent le Dieu caché qui s'est autrefois manifesté à leurs pères,
et méditent dans le recueillement les leçons qu'il a données
en ses trois apparitions miraculeuses. Entre les mains de la
plupart d'entre eux, on remarque le petit livre de méditations
préparées par le R. P. Possoz , et qui apprennent à considérer le divin Sauveur naissant , vivant et régnant dans le
sacrement de l'autel. Des curieux vont et viennent , admirant le plan et la richesse des décorations , mais le silence
du saint lieu n'est pas troublé; les soldats en armes que
l'on a demandés à l'autorité militaire comme nécessaires au
maintien de l'ordre n'ont point à s'occuper de la partie principale de leur consigne; disséminés çà et là dans les nefs et
dans le pourtour du sanctuaire , ils regardent les fidèles qui
prient , et souvent l'on peut remarquer qu'ils ne restent

(1) MM. Bury et Mallet.

pas étrangers aux sentiments qui se produisent sous leurs yeux. Tout est calme, tranquille ; tout inspire le respect, la piété ; tout semble dire : Silence ! Dieu est là !!...

A deux heures, on commence à venir prendre place pour entendre le sermon. Les allées et les venues, le remuement des chaises, le placement des personnages, troublent bien un peu le silence, mais ne troublent pas le recueillement. Les hommes s'assoient entre les colonnes géminées qui soutiennent la coupole ; les dames, moins satisfaites, sont obligées de se tenir un peu plus loin, et chacun, à la place qu'il a choisie ou qu'on lui a donnée, attend en écoutant le chant des Vêpres le moment de la prédication.

L'Office terminé, le lieu saint retrouve le silence le plus profond. A sept heures, les flambeaux des lustres se rallument, les derniers chants de louanges au Saint-Sacrement font retentir les voûtes ; des flots d'encens ruissellent autour de l'autel ; le Dieu caché se confie à la main du prêtre pour bénir l'assistance ; des voix enfantines, unies aux accords de l'orgue, *invitent toutes les nations à louer le Seigneur,* et les cierges en s'éteignant tour-à-tour, ne laissent bientôt plus apercevoir dans le sanctuaire que la lumière de la lampe qui, comme une étoile tombée du ciel, veille avec les anges jusqu'au lendemain.

MERCREDI.

Le programme de la fête avait appris aux Douaisiens que les paroisses des environs viendraient pendant le Jubilé en pèlerinage honorer le Saint-Sacrement de Miracle ; le jour

et l'heure où chacune d'elles entrerait dans l'église leur était
connus ; mais ceux-ci n'avaient point compris tout ce que
ces processions auraient de touchant et le caractère de piété
qu'elles imprimeraient à la ville. Aussi, ils s'étonnent en
voyant l'ordonnance de ces cortéges où les jeunes filles,
plus belles encore de leur modestie que de l'éclat de leur
robe, portent des bannières aux couleurs variées ; ils admirent ces jeunes gens tenant des oriflammes, et, derrière le
Curé, les hommes en habits de fête, les femmes le chapelet
à la main, tous marchant recueillis à travers les rues qui
conduisent à l'église jubilaire. Sur leur passage, chacun
se découvre et s'arrête ; chacun applaudit à leur pieuse dé-
marche, et bien des personnes, en s'agenouillant, unissent
leurs prières aux cantiques des jeunes filles et aux prières
du pasteur. Ceux à qui les loisirs le permettent, viennent
stationner près l'église pour jouir du spectacle de l'arrivée
de ces processions, et parmi les curieux dont le nombre
augmente de jour en jour, on n'entend que ces réflexions :
Oh ! que c'est touchant ! que la vue de ces pélerinages va
à l'âme ! Ici, un monsieur dit à ses amis qui l'entourent :
Hier, en voyant ces processions des villages, je ne pus
m'empêcher de pleurer ! — Là, un autre aux idées artisti-
ques trouve dans ces manifestations un souvenir du moyen-
âge. — Ailleurs, d'autres encore s'écrient : Voilà de ces
scènes dont on n'a pas l'idée, que l'on ne pourra ni représenter ni décrire, c'est peut-être ce qu'il y aura de plus
beau dans toute la fête ! Et en effet, comment dépeindre ces

processions qui pendant trois heures se succèdent aux abords de l'église Saint-Jacques , les unes au nord , les autres au midi , entrant dans le saint lieu ou en sortant , attendant dans le recueillement et dans un ordre parfait que l'on vienne les recevoir et les introduire ?

Dans l'église, le spectacle est plus touchant encore. Considérez la plupart de ceux qui composent ces cortéges ou qui les accompagnent , recevant le pain des anges. La pauvre femme de la campagne est agenouillée au banc de communion à côté de la grande dame de l'aristocratie ; le vieillard octogénaire se traîne péniblement près de la jeune vierge qui porte une couronne de roses , et au milieu des petits garçons d'un village , on remarque un savant professeur et un magistrat. Devant le Dieu de l'Eucharistie , on ne voit pas seulement les rangs, les âges, les localités se confondre, mais encore les distances se rapprochent , les habitants des contrées diverses perdent leur nom, tous forment la même famille et cherchent le même bonheur dans l'union avec le même père qui est Dieu. Le nombre des fidèles qui s'approchent de la sainte table est si grand qu'un prêtre est sans cesse occupé à distribuer la divine nourriture : on compte environ mille hosties distribuées chaque jour dans l'église Saint-Jacques. A la fin de l'octave, il sera constaté que plus de huit mille personnes y auront reçu la communion. C'est beaucoup plus qu'on en a compté dans la collégiale de Saint-Amé lors du Jubilé séculaire de 1754 ; car le nombre des hosties qui y furent distribuées pendant le cours de l'année entière ne se porta qu'à dix mille (1).

Mais retournons à nos pélerinages : nous recevons aujourd'hui Dechy et Sin à six heures et demie ; Lambres et Corbehem à sept heures ; à sept heures et demie, Waziers, Lallaing et Gœulzin, et enfin, à huit heures, trois paroisses du discèse d'Arras, Dourges, Noyelles-Godault et Courcelles. Ces processions, si nous en exceptons les trois dernières qui n'étaient que des députations, ne sont pas moins brillantes que celles dont nous avons déjà admiré l'ordonnance. Sin s'est distingué des autres par des groupes de jeunes garçons et de jeunes filles portant en des corbeilles des produits de l'horticulture ; ils rappelaient ces Israélites dépeints par Racine, qui,

De leurs champs dans leurs mains portant les nouveaux fruits,
Au Dieu de l'univers consacraient ces prémices.

A dix heures, la procession de la paroisse de Notre-Dame met le complément à celles de la journée. Ses fanaux qui entourent la croix, ses élégantes bannières, ses jeunes filles en robes blanches, les jeunes garçons formant de longues lignes, son clergé revêtu de chappes d'or, et surtout le nombre considérable de fidèles qui la suit avec le conseil de fabrique, lui donnent un caractère d'élégance, de richesse et surtout de foi qui n'échappe aux yeux de personne. M. le doyen de Notre-Dame, assisté de MM. ses vicaires, célébra

(1) Recherches sur l'histoire du Saint-Sacrement de Miracle, 2me partie, page 46.

la grand'Messe, dont le chant fut exécuté par la chapelle de la même église.

La journée du jeudi 19 pourrait s'appeler la journée du triomphe, si ce titre n'appartenait pas à la journée du dimanche 22. Tout ce que nous avons eu aujourd'hui sous les yeux a été d'un appareil encore inconnu ; la foule des pélerins n'a point encore été aussi nombreuse. Les onze paroisses qui ont honoré le Saint-Sacrement de Miracle semblaient se défier l'une l'autre, et se demander qui, parmi elles, offrait à Notre-Seigneur l'hommage le plus pompeux. Pour parler juste, il ne faudrait pas compter les processions, mais dire qu'il n'y en a eu qu'une seule, stationnant pendant plus de deux heures dans les rues adjacentes à l'église, se morcelant de temps à autre, et entrant dans le lieu saint par parties qui se renouvelaient sans cesse à travers une multitude qui obstruait les abords du portail.

Le père de Ratisbonne est encore en chaire lorsque se présente Flers qui ouvre la marche de cette procession interminable. On connaît le bon curé de cette paroisse et son zèle ingénieux pour la décoration de son église ; on ne s'étonne pas de voir ses enfants élégamment parés, tenir en main des oriflammes brodés d'or, des bannières qu'envieraient bien des églises de ville. Flers est entré avec ses nombreux pélerins ; voici la paroisse d'Auby que la pluie a retenue avant-hier, et qui se trouve heureuse d'avoir remis son pélerinage à ce jour pour déployer aux rayons d'un beau

soleil ses quinze bannières de soie portant l'image des mystères du Rosaire et ses stations du Chemin de la Croix qui
brillent aux mains des jeunes gens. Gœsnain, Masny, Lewarde sont sur les pas d'Auby ; Raches vient se joindre à
eux ; presqu'en même temps il faut recevoir Brebières dont
on entend au loin les chœurs de cantiques ; félicitons cette
dernière paroisse qui se glorifie de n'avoir pour pélerins que
des fidèles qui tous se sont disposés à s'approcher de la
sainte table, ornements plus riches que les jolies bannières
dont est ornée la procession et que les chants mélodieux
dont un essaim de jeunes filles fait retentir les voûtes du
temple pendant l'oblation du saint sacrifice.

L'église, en ce moment, regorge de pélerins : force est
aux paroisses d'Aniche et d'Auberchicourt de s'arrêter dans
la rue pendant près d'une demi-heure, et ce retard obligera
les paroisses qui surviennent à attendre plus longtemps encore. Enfin, ceux qui ont accompli leur pélerinage peuvent,
quoiqu'avec peine, sortir du saint lieu ; il est permis à Aniche d'entrer avec sa riche bannière de velours rouge couvert de broderies d'or, et aux filles de saint Vincent de Paul
qui président les divers groupes du cortége de goûter le
repos avec leurs enfants devant l'autel de Celui qui est leur
soutien.

Du côté opposé où stationnait Aniche, s'étend la belle
procession d'Hénin-Liétard. Certes, il a fallu du zèle et de
la piété aux pélerins de cette paroisse éloignée de douze
kilomètres, pour venir en si grand nombre et dans une

ordonnance si majestueuse! Voyez ce groupe de jeunes
garçons tenant des guirlandes de fleurs, puis les membres de
l'association pour la réparation des blasphèmes , puis encore
ces jeunes filles au-dessus de la tête desquelles s'étalent
les quinze oriflammes du Rosaire , et devant M. le Curé
revêtu de l'habit de chœur des chanoines d'Arras, les douze
mayeurs de la confrérie du Saint-Sacrement précédés de
leur bannière rouge , enfin tout ce peuple qui se résigne
à attendre patiemment l'heure où l'on viendra lui dire
qu'il peut entrer dans l'église. La procession d'Hénin-
Liétard serait la plus belle de toutes celles qui ont honoré le
Saint-Sacrement de Miracle, si nous n'avions pas eu la procession d'Arleux ; au moins jusqu'ici elle est la plus nombreuse. Mais voici Vitry qui vient lui enlever ce titre que
nous lui décernions. Cette dernière semble s'être organisée
comme pour ne circuler que dans les rues de la paroisse à
laquelle elle appartient. Ces enfants qui ont en main des
branches de lys , ces bannières des confréries , du patron ,
de la Sainte-Vierge , du Saint-Sacrement qui se succèdent ,
et qui toutes ombragent un groupe soit de jeunes gens ,
soit de jeunes filles , forment une véritable procession de
la Fête-Dieu , comme on en admire dans les localités où
la foi remue la population quand il s'agit de préparer un
triomphe au Dieu caché dans l'Eucharistie.

Cependant un cortége plus auguste se prépare : la Providence qui sourit au zèle des Douaisiens, envoie vers eux un
successeur des Flavien et des Ignace , que dis-je? un suc-

8.

cesseur de saint Pierre : le Patriarche d'Antioche. Dans les
fêtes de Douai, l'Église d'Orient va s'unir à l'Église d'Occident par son représentant le plus illustre. Le clergé a revêtu ses chappes d'or et est allé chercher chez M. Pellieux
l'éminentissime Prélat qui s'avance paré des riches ornements orientaux que lui a offerts Sa Sainteté Pie IX.
Les fidèles contemplent avec respect ce vénérable con-
fesseur de la Foi , ils s'agenouillent pour recevoir sa bénédiction , et dans les sentiments d'une piété plus vive encore
qu'à l'ordinaire , ils assistent au saint sacrifice que célèbre
Sa Béatitude , selon les règles de la liturgie syriaque. Après
la Messe, Monseigneur Samhiri est reconduit avec la même
pompe et au milieu des témoignages de la même vénération.

VENDREDI ET SAMEDI.

A mesure que les jours de la Fête séculaire s'écoulent, la
décoration de l'église Saint-Jacques s'enrichit. Les murailles
se tapissent des bannières qu'y dépose chaque paroisse en
accomplissant son pèlerinage. Ces étendards de drap d'or,
de velours et de soie , en enlevant aux nefs latérales , par la
diversité de leurs couleurs et de leurs formes , la froide mo-
notonie qui , dès le commencement , contrastait avec la richesse de la nef principale , ne représentent-ils pas les bons
habitants des campagnes veillant autour de l'autel et con-
tinuant d'y formuler leurs actes de foi et d'amour. Quatre
paroisses doivent encore y appendre les leurs. Aujourd'hui
c'est Cuincy dont les fidèles, au seizième siècle, tenaient à

honneur d'être membres de la confrérie du Saint-Sacrement de Miracle à Saint-Amé (1). En contemplant sa procession si belle et si recueillie , on reconnait qu'elle n'a pas perdu sa piété d'autrefois. Monchecourt survient un peu plus tard ; ses pélerins sont peu nombreux ; mais pour venir ils ont fait un si long voyage , que nous devons encore les féliciter, quoiqu'ils ne soient qu'environ quarante.

La grand'Messe du vendredi a un cachet particulier : elle est célébrée par les prêtres nés à Douai qui éprouvent la satisfaction de se trouver ensemble à l'autel où *Dieu réjouissait leur jeunesse ;* l'assistance est composée principalement des pensionnaires de l'Hôpital-Général , qui ont été amenés processionnellement par leurs charitables mères les filles de saint Vincent de Paul. Le chant est exécuté par les élèves-maîtres de l'École normale , sous la direction de M. Heisser qui a su former en eux le talent d'interprêter les admirables compositions de Palestrina.

Nous avons hâte d'arriver à la journée du samedi , où les pélerinages vont être couronnés par le plus nombreux et le plus solennel de tous. Laissons entrer à l'église la modeste députation d'Hamel , et , après elle , celle de Brillon près Saint-Amand qui a voulu rendre à Notre-Seigneur dans le Saint-Sacrement les mêmes hommages qu'elle a rendus à la Sainte-Vierge au Jubilé séculaire de Cambrai , et qui , composée d'environ quarante personnes , s'approche de la

(1) Recherches sur l'histoire du Saint-Sacrement de Miracle, p. 34.

sainte table , après avoir fait près de six lieues de chemin.
Rendons-nous, avec le clergé de la paroisse de Saint-Pierre,
dans la rue des Carmes , à l'hôtel de Madame la comtesse
douairière de Franqueville de Bourlon. C'est là que vient
d'arriver Monseigneur l'Évêque d'Arras avec son Chapitre ,
ses trois séminaires et la maîtrise de sa cathédrale. Les jeunes lévites organisent leurs rangs, les chanoines se revêtent
de l'habit de chœur, le Prélat prend ses ornements pontificaux ; la mitre en tête et la crosse en main, il se place sous
le dais porté par les Frères des Écoles chrétiennes ; M. le
Curé-Archiprêtre de Saint-Pierre lui adresse le discours
suivant :

« Monseigneur,

» Le clergé de Saint-Pierre est heureux d'avoir été
» désigné pour diriger vos pas vers l'église où se célèbre la
» mémoire des merveilles du Seigneur. Il y a neuf ans , à
» pareille époque et dans les mêmes circonstances , vous
» arriviez à Liège pour célébrer l'anniversaire séculaire de
» l'institution de la fête du Saint-Sacrement. Un pieux
» enthousiasme s'emparait de Votre Grandeur à la vue de
» ce concours extraordinaire d'augustes et saints Prélats
» que suivait une immense population accourue pour ado-
» rer le Dieu caché sous les symboles eucharistiques. Votre
» foi , Monseigneur, s'est révélée tout entière dans le ma-
» gnifique discours que vous avez prononcé dans l'église
» jubilaire ; vous étiez heureux de rappeler les rapports et

» l'union intime des diocèses de Langres et de Liège, et de
» partager avec le pieux Prélat de cette dernière ville l'hon-
» neur d'être le successeur de Robert de Torote. Aujour-
» d'hui, Monseigneur, une position analogue et plus com-
» plète vous est faite dans notre ville de Douai ; vos illus-
» tres prédécesseurs ont arrosé de leurs sueurs et de leur
» sang le sol que vous foulez ; ils sont nos pères et nos
» modèles dans la foi ; leurs paroles et leurs bénédictions
» ont féconde cette terre si riche en exemples de vertus ;
» Arras et Douai sont deux sœurs qui ont longtemps mar-
» ché sous la même houlette pastorale, toutes deux ont
» produit des saints.

» Cette vigne cultivée avec tant de soins et de labeurs
» ne sera pas stérile : la même rosée , la même chaleur la
» vivifient , saint Vaast et saint Amé la protégent et la
» bénissent.

» Entrez dans notre ville, Monseigneur, vous trouverez
» chez nous le même élan, le même esprit de foi qui faisait
» tressaillir nos ancêtres en face des divins tabernacles.
» Cette illustre et catholique cité s'est levée comme un seul
» homme pour solenniser le Saint-Sacrement de Miracle ;
» tous les habitants rivalisent de zèle pour rendre au Dieu
» trois fois saint l'honneur et la gloire que méritent ses
» infinis bienfaits. Nous savons et nous disons avec l'Apôtre
» que Jésus-Christ est le seul fondement sur lequel repo-
» sent notre foi et notre espérance. Lui seul sera l'éternel
» objet de notre amour. Tout édifice construit sur une

» autre base chancelle et s'écroule, et sur ses ruines amon-
» celées on lira éternellement ces paroles : *Aliud funda-*
» *mentum nemo potest ponere præter id quod positum est ,*
» *quod est Christus Jesus.* »

Monseigneur Parisis répond :

« Monsieur le Doyen, je ne m'attendais pas à l'allocution
» que vous voulez bien m'adresser. Je suis heureux de
» vous entendre rappeler, dans une trop flatteuse analogie,
» une circonstance qui a été pour moi pleine de bonheur ,
» et vous l'avez fait en termes qui vont droit à mon cœur ;
» je sens qu'ils sont l'expression des sentiments que vous
» avez trouvés dans le vôtre. Que la paix , en ces jours de
» grâce, descende sur vous, sur le clergé de nos diocèses
» et sur votre bonne ville de Douai. »

Le cortége est en marche et un chœur de trois cents
voix dit avec acclamations les chants du *Lauda Sion.* On
traverse les rues de Saint-Thomas, des Écoles, des Blancs-
Mouchons, du Clocher-Saint-Pierre, du Pont-du-Rivage,
de Saint-Julien ; on arrive à Saint-Jacques : Messieurs les
Chanoines prennent place dans les stalles , les séminaristes
sous la coupole, et les chanteurs pressés dans le pourtour du
Sanctuaire entonnent l'introït de la messe. Nous renonçons
à décrire ces chants d'une majestueuse harmonie, cette
masse de voix qui fait retentir les voûtes , et dont la puissance ne peut être arrêtée par les tentures qui s'étendent

dans toute la longueur de l'église. La messe artésienne,
dirigée par M. le chanoine Planque, a été sans contredit la
plus belle hymne que l'on ait chantée pendant ces fêtes à la
gloire du Saint-Sacrement. L'office fut célébré par Monseigneur Parisis, selon les règles du rit romain pur. Quand il
fut achevé, le Prélat récita à haute voix, au pied de l'autel,
avec tout son clergé, les prières prescrites pour gagner l'indulgence, et il fut reconduit avec le même cérémonial qu'à
son arrivée jusqu'à l'hôtel où il était descendu. Les jeunes
élèves se dispersèrent pour prendre leur repas, chez les ecclésiastiques de la ville, au séminaire des Anglais, et surtout au collége Saint-Jean, où une généreuse et cordiale
hospitalité leur fut offerte.

A une heure, une réunion non moins belle et non moins
précieuse aux yeux de la religion que celles dont la maison
de Dieu a été témoin, pendant les jours du Jubilé, a lieu
dans une des salles du collége Saint-Jean, c'est celle de la
Conférence de Saint-Vincent de Paul. Ainsi qu'il a été fait à
Cambrai et à Lille lors des jubilés séculaires de ces deux
villes, les Sociétés du diocèse qui, sous le patronage de ce
Saint illustre, s'occupent du soulagement des malheureux,
se sont donné rendez-vous à Douai pour s'édifier mutuellement et s'encourager à la pratique du bien. Nos
Seigneurs le Patriarche d'Antioche, l'Archevêque de Cambrai, les Évêques d'Arras, de Gand, de Nevers, de Soissons, d'Angoulème et de Saint-Flour, viennent prendre
place parmi ces hommes que réunit une même pensée de

charité, et qui sont pour notre siècle ce qu'étaient pour ceux du moyen-âge les Ordres de religieux militaires. Nous ne parlerons pas des discours prononcés par les présidents du Conseil provincial de l'œuvre et de la Conférence de Douai, ni des allocutions que les Prélats adressèrent à la nombreuse assistance ; retournons à l'église, où se rendent Leurs Grandeurs en sortant de la réunion. Mais ici, la foule est si compacte, que les élèves du séminaire d'Arras, qui doivent chanter les psaumes des Vêpres présidés par Monseigneur Parisis, ont eux-mêmes grande peine à trouver place. Le chœur, le pourtour du chœur, les basses nefs, tout est comble. Les membres de la Société de Saint-Vincent de Paul les plus favorisés sont obligés de se résigner à se tenir debout dans les couloirs de la sacristie, et les autres à ne point assister à l'Office. L'église a été envahie par les étrangers qui arrivent en foule dans la ville pour la cérémonie de demain, dont les apprêts font déjà de tous côtés l'admiration des curieux.

X.

DÉCORATIONS.

Enfin, nous saluons le jour que le Seigneur a fait ! Plus heureux qu'on ne le fut à Cambrai et à Lille , où l'aurore des jours du triomphe se leva comme pour éclairer des jours de deuil , nous pouvons dès le matin nous laisser aller à l'élan de l'enthousiasme. Le Seigneur qui ne fit luire son soleil sur ces deux villes qu'au moment où s'organisait la pompe triomphale de sa glorieuse Mère , se montra plus généreux à Douai ; il s'agissait de sa propre gloire , il voulut qu'aucun nuage ne vint obscurcir le ciel , et que le soleil se revêtit de tout son éclat. Ce jour est pour tous les Douaisiens un jour de bonheur : les craintes qui les agitaient , lorsqu'en préparant leurs décorations ils se demandaient si la pluie ne viendrait pas les empêcher d'exposer cet appareil de magnificence ou si elle ne le détruirait pas , se sont dissipées. Le front épanoui , ils regardent le ciel, et si on

ne les entend pas formuler hautement une prière en actions
de grâces à Celui qui tient dans ses trésors, les chaleurs,
les vents et les pluies, cet acte de reconnaissance est néanmoins au fond de leur âme. Dès le grand matin, ils se sont
empressés de remplir le précepte imposé à tout chrétien, et
pendant que la procession de Lauwin-Planques est dans
l'église Saint-Jacques avec la Société dite de Saint-Joseph
d'Arras, pendant qu'à Saint-Pierre et à Notre-Dame on
chante l'office paroissial, tous sont à l'œuvre, dressant des
échelles, tendant des cordages, disposant des tentures,
s'applaudissant les uns les autres, s'aidant de conseils
mutuels, tous fiers des décorations de leur quartier et surtout de celles qui ornent leur propre demeure. A neuf
heures, Monseigneur Delebecque, évêque de Gand, célèbre
la messe pontificale (1). La pompe de la cérémonie est
rehaussée par les chants qu'exécutent, avec le talent qu'on
leur connaît, les jeunes gens qui, sous la direction de M.
Dislère, font partie de la *Société Chorale*; on remarque,
parmi leurs morceaux, un chœur ancien, tiré du répertoire
de la maîtrise de Saint-Amé, et qui, très-probablement, a
été entendu aux fêtes jubilaires de 1754.

La messe est terminée : parcourons les rues de la cité à
travers la foule qui afflue par les six portes, et que les trains
du chemin de fer rendent à chaque instant plus nombreuse;

(1) A cette messe, le diacre et le sous-diacre étaient revêtus d'aubes garnies de dentelles de Flandre que les chanoines de Saint-Amé
achetèrent pour la célébration du Jubilé de 1754.

allons jeter un coup-d'œil sur les décorations qui s'achèvent aux façades des maisons. Avant tout, constatons le progrès qui s'est opéré dans ce genre de décors religieux depuis la fête de Cambrai. Dans cette ville, en 1852, l'ornementation ne consistait qu'en oriflammes et en bannières de diverses couleurs chargées de symboles ou de pieuses inscriptions. Ces bannières, il est vrai, garnissaient toutes les fenêtres sans exception, mais les fleurs et les guirlandes étaient rares. A Lille, elles se mariaient généralement aux oriflammes, les inscriptions abondaient, la peinture avait exercé son pinceau à tracer des emblèmes : l'ensemble de la décoration était grandiose. Comme ces deux sœurs, Douai étale dans toutes ses rues et à toutes ses maisons des bannières, des oriflammes aux mille couleurs qui traduisent les sentiments de foi dont sont pénétrés ses habitants ; des guirlandes se courbent, s'étendent, s'enlacent et décrivent de gracieux dessins; des inscriptions inspirées par une piété affectueuse célèbrent la gloire du Dieu de l'Eucharistie ; la ville entière présente un spectacle féerique ; c'est comme un palais enchanté ; c'est plus qu'un temple immense, on s'y croirait transporté dans les parvis des cieux. Mais notre cité ne s'en est pas tenue à imiter ce qu'elle a vu dans les villes voisines; à la science que les leçons de celles-ci lui ont donnée, elle a ajouté ses propres inspirations : son goût pour les arts, son amour de l'élégance lui ont fourni les moyens de se montrer plus belle que Cambrai et Lille. Elle n'a pas seulement appendu des bannières aux fenêtres et aux murailles , arboré des milliers d'oriflammes , jeté partout des fleurs en profusion , elle a su donner à la plupart de ses bannières un caractère artistique : des découpures délicates appliquées sur ces tissus leur ont imprimé le cachet de la broderie ; entre les guirlandes on admire , suspendues aux fenêtres , un grand nombre de corbeilles qui affectent une certaine forme de lustre renfermant des fleurs et du bord desquels s'échappent des liserons et d'autres caprifoliacées ; on admire surtout parmi les fleurs un mélange de symboles eucharistiques tels que pampres , grappes de raisins et épis de froment.

On ne peut décrire toute la poésie religieuse qui scintille à chaque pas , où il faudrait s'arrêter pour admirer une décoration ici imposante , là gracieuse , ailleurs exhalant un doux parfum de piété. Que de couleurs variées il faudrait amasser pour dépeindre plus de cent façades : celle de la maison des Dames de la Sainte-Union, rue des Bonnes; celle de M. Deloffre , rue du Vieux-Gouvernement ; de M. Courmont , rue Sainte-Catherine ; de M. Choque , membre du Corps législatif, rue Saint-Jean; de M. Pellieux , rue du Pont-du-Rivage ; de Mme d'Haubersart , rue Notre-Dame; de Mme de Wavrechin , rue des Trinitaires ; de M. Faure, maître de pension, rue des Foulons; de M. Waterlos , rue de la Cloche, et d'une foule d'autres dont l'énumération serait interminable. Quoiqu'il en soit de la difficulté , nous voulons donner une idée de celle dont le jeune Rodolphe de Bailliencourt a couvert la façade de la maison de M. son

père, rue Saint-Jean. Au rez-de-chaussée, une vigne grim-
pant autour des fenêtres entoure de son feuillage six grandes
bannières qui s'élèvent du milieu d'un massif de bouquets de
roses et retracent dans leur emblème l'histoire de N.-S.
Jésus-Christ. Au centre de la façade, de longs rideaux
blancs constellés d'or couvrent la porte et encadrent les
armoiries du Patriarche d'Antioche que surmonte dans
un tympan de feuillage d'or le nom de Jésus formé de roses
à nuance éclatante. A l'étage supérieur, des étoiles étincellent sur une draperie blanche qui recouvre les fenêtres ;
les trumeaux sont garnis de vases antiques d'où s'échappent
des guirlandes qui vont former comme des lambrequins
autour de lustres chargés de roses. Une large galerie
blanche, ornée d'or et de verdure, descend du toit et
ombrage ce bel ensemble que complètent quatorze oriflammes qui, en s'agitant au sommet, ajoutent encore de la
légèreté et de la fraîcheur à cette décoration déjà si fraîche
et si légère.

La décoration de la ville en général n'a pas seulement
un caractère de fête et de piété, elle s'est encore inspirée du
souvenir des vieux usages et des annales de la cité. La Mairie
semble vouloir donner l'essor à ce genre si heureux partout,
mais qui doit caractériser une ville qui s'appelle la ville des
sciences. Sans parler de la tour du beffroi, où palpite une
myriade de drapeaux aux couleurs nationales, et du haut
de laquelle descend une immense bannière portant les deux
dates 1254, 1855 ; la façade de l'Hôtel-de-Ville est cou-

verte dans toute sa longueur d'une ample draperie de velours azur crépinée et constellée d'or ; des cartouches qui s'attachent le long de la frise, renferment les noms des principaux historiens religieux de Douai ; des oriflammes hissées au haut de grands mâts vénitiens portent les noms des villes qui envoient des députations à la Procession séculaire , et un grand écusson aux armes du Souverain Pontife Pie IX , en couronnant le tout , formule l'acte de foi de la cité.

A l'exemple de l'Hôtel-de-Ville , le Palais-de-Justice et l'Hôtel dit du Dauphin , sur la place d'Armes , sont ornés d'une tenture de velours rouge crépiné d'or sur laquelle s'étend le monogramme du Sauveur du monde.

M. le Président Bigant a tiré de son cabinet d'antiques une figure d'ange en pied qui a appartenu à l'église Saint-Amé, et il en a fait la pièce principale de sa décoration en lui plaçant en main une banderolle sur laquelle on lit : *J'étais à Saint-Amé !*

M. Delaby, dont la maison rue d'Infroy formait autrefois une partie du couvent des Augustins , a arboré une oriflamme aux armes de Saint-Amé , et placé au-dessus de sa porte des écussons portant en barre : *Augustini— hic erant Augustini.*

M. Galland , ancien notaire , rue du Canteleux , a rappelé un vieil usage de nos pères en suspendant devant sa demeure un assemblage de verres découpés , qui produisent en s'entrechoquant une harmonie assez semblable à celle des lyres éoliennes.

M. Jullié, rue de Bellain, a disposé à ses fenêtres trois sujets modelés par lui, et représentant les trois apparitions de Jésus-Christ dans le miracle de Saint-Amé.

M. Dutilleul, place Saint-Jacques, a déployé quatre bannières qu'il a peintes lui-même, représentant les miracles opérés dans la sainte hostie à Douai, à Paris, à Bruxelles et à Turin. Entre ces bannières sont placés des vases dans lesquels l'encens brûlera pendant le défilé de la procession.

M. Théophile Bilbaut, rue Morel, a symbolisé la Fête comme couronnement des fêtes séculaires du Nord, par une bannière aux couleurs du Saint-Sacrement et de la Sainte-Vierge, portant ces mots : *Union — Cambrai, 1852 — Lille, 1854 — Douai, 1855*. Trois autres bannières, placées sous celle-ci, symbolisent chacune de ces trois villes : une bleue surmontée des armes de Cambrai et portant l'image de Notre-Dame de Grâce; une blanche avec l'image de Notre-Dame de la Treille et surmontée des armes de Lille; une rouge aux armes de Douai représentant le miracle de Saint-Amé. Comme pour inviter tous les peuples à unir leur hommage aux hommages que les Douaisiens rendent au Seigneur, des cartouches contiennent le nom de Dieu écrit en langues latine, grecque, anglaise, allemande, italienne, espagnole, arabe, russe, hébraïque; enfin le *Ignoto Deo* que lut Saint-Paul sur un autel d'Athènes supplée aux idiomes que n'a pu connaitre l'auteur de cette ingénieuse décoration, complétée par la représentation de différents traits de la vie du Sauveur.

Dans la rue de Bellain , M. Depoutre a étendu le long
du grand balcon qui regarde la rue des Ferronniers une
œuvre remarquable, à laquelle depuis longtemps il consacre
tous ses soins ; elle consiste en écussons sculptés en relief
et présentant les armoiries des collégiales et des abbayes de
la contrée. Ces écussons , ornés des couleurs héraldiques
qui leur appartiennent et reliés entre eux par des guirlandes également sculptées , produisent un très-joli coup-
d'œil : le peuple qui n'y voit que des armoiries avec des
noms pour la plupart étrangers , passe peut-être indiffé-
rent , mais l'homme sérieux applaudit à l'idée qui , à l'occasion de nos fêtes , évoqua le souvenir de ces anciennes
institutions dans lesquelles nos contrées ont trouvé les
sources de leur prospérité et de leur gloire.

Nous n'irons pas plus loin à la recherche des décorations
qui se distinguent par un caractère historique ; retournons
vers l'église jubilaire où la masse du peuple se concentre
dans l'attente des cortéges de Notre-Dame de Grâce de
Cambrai et de Notre-Dame de la Treille de Lille qui doivent bientôt arriver.

Les Trois Madones.

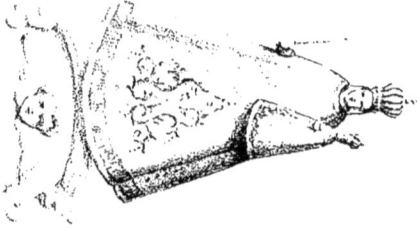

N.D. des Miracles
de Douai.

N.D. de Grâce
de Cambrai.

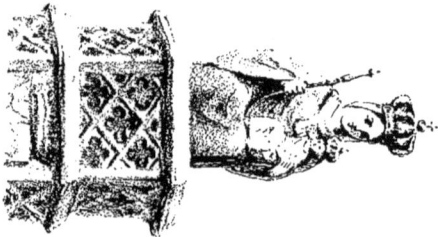

N.D. de la Treille
de Lille.

XI.

LES TROIS MADONES.

Nous l'avons déja dit, la fête du Saint-Sacrement de Miracle est le complément des fêtes séculaires célébrées dans le diocèse de Cambrai ; c'est l'acte d'adoration au Dieu de sainteté infinie, après les actes de respect et d'amour à l'ineffable créature qui le donna au monde. Cet acte suprême, Douai se regarde comme impuissant à le formuler avec la splendeur que sa foi réclame, et il demande le concours de Cambrai et de Lille ; ou plutôt il convoque à ses solennités la Reine des cieux elle-même, il l'invite à venir l'aider à s'acquitter d'un grand devoir, il l'invite à venir offrir à Notre Seigneur les hommages qu'elle a reçus au sein des deux cités dans les fêtes séculaires célébrées en son honneur (1). Telle est la pensée qui préside à la procession qui se prépare. Le cortége de la Sainte-Vierge y sera le principal ornement du cortége de Jésus-Christ, et cette

(1) Ceci explique pourquoi les Valenciennois n'ont pas été invités à assister à la procession avec l'image de Notre-Dame du Saint-Cordon.

aimable Mère y sera représentée par les images miraculeuses de Notre-Dame de la Treille et de Notre-Dame de
Grâce auxquelles se joindra celle de Notre-Dame des Miracles, que l'on pourrait appeler Notre-Dame de Douai
comme les autres s'appellent Notre-Dame de Lille et de
Cambrai. La cloche du beffroi salue leur entrée dans la ville;
la foule les entoure et les contemple ; racontons brièvement
leur histoire dont une page a été fournie par nos aïeux. Réu-
nissons-les toutes trois dans ce récit, comme elles seront
unies dans le cortége.

NOTRE-DAME DES MIRACLES.

L'image dite de Notre-Dame des Miracles honorée dans
l'église Saint-Pierre à Douai est une statue en pierre. Elle
était placée primitivement à l'extérieur de l'église du côté
du midi, où elle recevait l'hommage des pieux fidèles qui
aimaient à s'agenouiller devant elle pour prier. Le 8 juillet
de l'année 1632, pendant que quelques personnes étaient
occupées à ces actes de dévotion, et que près d'elles des
enfants, par des ébats un peu trop bruyants, nuisaient
au recueillement nécessaire à la prière, on vit tout-
à-coup l'image sainte se mouvoir : elle lève la main, et
l'enfant Jésus qu'elle porte dans un bras est passé dans
l'autre. Les enfants l'aperçoivent, ils se croient menacés,
ils se sauvent en jetant des cris et vont raconter la scène
dont ils ont été témoins. Instruite de ce qui se passait, la

population accourut sur le théâtre du prodige ; la renommée ne tarda pas à s'étendre au-delà des murs de la ville ;
les habitants des campagnes vinrent en foule innombrable.
Le prodige du 8 juillet n'avait été qu'un prélude. Pendant
les onze jours qui suivirent , six paralytiques recouvrèrent
l'usage de leurs membres , un aveugle fut guéri , un mort
fut ressuscité. A la suite de ces merveilles , la Madone fut
portée dans l'église , et , pour l'y placer convenablement ,
on construisit une chapelle, qui fut achevée en 1637. Les
miracles continuèrent pendant plus d'un siècle ; ils sont
longuement rapportés par tous les écrivains contemporains
qui se sont occupés de l'agiographie de nos contrées , et
dont le témoignage ne peut être révoqué en doute (1).
Le dôme magnifique placé au chevet de l'église Saint-
Pierre fut érigé en l'honneur de Notre-Dame des Miracles ;
elle y fut déposée en grande pompe après une procession
qui eut lieu le jour de l'octave de la bénédiction de l'église,
en juillet 1750. Pendant les malheurs de la Révolution,
la sainte image ne quitta point son sanctuaire : lorsque
l'église servait à toutes les folies du culte de la déesse
Raison , la chapelle du dôme , séparée du reste de l'édifice
par une cloison de planches , ne fut jamais profanée , et
les fidèles vont toujours y prier avec confiance la Mère du
Sauveur aux pieds de la statue que Dieu s'est complu à

(1) Ces écrivains sont Buzelin , Raissius , Guppenberg , Ferri de
Locres , Martin Lhermite , Colvenère et une foule d'autres.

bénir et devant laquelle il a donné des marques nombreuses de sa puissance et de sa bonté.

NOTRE-DAME DE LA TREILLE.

L'image de Notre-Dame de la Treille est une statue en pierre peinte, de la hauteur d'environ 80 centimètres. La Mère de Dieu y est représentée assise comme toutes les Madones dont l'origine remonte au delà de l'époque où l'architecture ogivale prit naissance. Son nom lui vient de ce que la niche dans laquelle elle se trouvait était protégée par un treillage. On l'honorait dans la Collégiale de Saint-Pierre à Lille, dès le temps de la fondation de cet édifice par Bauduin V, comte de Flandre, en 1047. Son histoire se lie à celle de la vieille capitale de la Flandre ; elle a joué un rôle dans tous les grands faits dont cette ville a été le théâtre pendant plus de sept siècles. C'est en 1254 que son illustration a commencé. Déjà elle avait été vénérée de saint Thomas de Cantorbéry, de saint Bernard, de saint Louis, roi de France, lorsque le dimanche de la Trinité de cette même année, des miracles éclatèrent dans la chapelle où elle était exposée. En mémoire de ces événements, la fille de Bauduin IX, empereur de Constantinople, Marguerite qui gouvernait le comté de Flandre, institua, avec le concours du Chapitre, une Confrérie dans laquelle se firent inscrire les membres de toutes les nobles maisons des Pays-Bas. Quinze ans plus tard, le Magistrat, toujours de concert avec les Chanoines, institua une procession qui faisait le tour de la ville, et la fondatrice de la Confrérie publia un édit qui accordait aux gens en fuite pour dettes, la liberté de rentrer en ville afin de prendre part à la fête, avec défense à leurs créanciers ou gens de justice de les inquiéter. Cette procession, qui attirait une foule immense d'étrangers, fut l'origine de la fête et de la foire de Lille; elle ne cessa d'exister qu'à l'époque de la Révolution. Le 30 novembre de l'année 1431, Philippe-le-Bon consacra solennellement à Notre-Dame de la Treille l'Ordre équestre de la Toison-d'Or, qu'il avait instituée peu de temps auparavant. C'est en mémoire de cette consécration que la reine d'Espagne actuelle se fit représenter, en sa qualité de Grande-Maitresse de cet Ordre, par un ambassadeur à la procession séculaire de 1854. En 1519, une série de miracles donnèrent un nouvel essor à la dévotion envers Notre-Dame de la Treille. Pendant le cours de cette année, on compta vingt-neuf de ces faits prodigieux, qui tous sont racontés par un historien qui en fut le témoin oculaire. En se renouvelant dans les années suivantes, ils donnèrent lieu à des démonstrations dont le souvenir est impérissable. La première fut la consécration solennelle de la cité de Lille par son Magistrat à Notre-Dame de la Treille, le 28 octobre 1634; les autres consistèrent en pèlerinages que toute la contrée voulut effectuer aux pieds de l'autel de la sainte image. Nous nous contenterons de mentionner celui des habitants de Douai, qui fut très nombreux. Les membres du Magistrat et de l'Université de cette ville se firent inscrire dans la Confrérie, et, en témoignage de leur dévotion, ils déposèrent sur l'autel les armes de la cité peintes sur une feuille de vélin. En 1854, les Douaisiens remémorèrent cet acte de la piété de leurs aïeux ; une députation s'organisa pour paraître à la procession séculaire et présenta en *ex-voto* les mêmes armoiries burinées sur une grande plaque d'argent. En 1667, lorsque les Français s'emparèrent de Lille, ce fut devant l'image de Notre-Dame de la Treille que Louis XIV fit serment de maintenir les lois, usages, franchises et coutumes de cette ville où il entrait en vainqueur. A l'époque de la Révolution, la sainte image, trouvée par un bourgeois dans les décombres de la Collégiale qui avait été démolie, fut sauvée de la destruction ; donnée après le rétablissement du culte à l'église Sainte-Catherine, elle y a retrouvé un sanctuaire et la vénération des fidèles lillois. On sait les magnificences de la fête séculaire dont elle fut honorée l'année dernière, conformément à ce qui avait été pratiqué dans les siècles précédents. M. le Doyen de Sainte-Catherine s'est chargé de l'apporter lui-même à Douai dans une calèche que M. Delmer s'est empressé de mettre à sa disposition.

NOTRE-DAME DE GRACE.

L'image de Notre-Dame de Grâce, honorée dans l'église métropolitaine de Cambrai, est une peinture sur bois de cèdre, haute de 35 centimètres et large de 26. Elle est attribuée par une pieuse tradition à l'évangéliste saint Luc.

Apportée de Rome à Cambrai, en 1440, par un Chanoine
de la Cathédrale qui, en mourant, la légua à cette église,
elle y fut installée solennellement en 1452. Quoique datant
d'une époque récente, le culte de Notre-Dame de Grâce est
devenu le plus populaire de tous les cultes rendus aux images de la Mère de Dieu dans le Nord ; il surpassa même
ceux de Notre-Dame de Liesse près Laon et de Notre-Dame
de Hal près Bruxelles. Il n'est peut-être pas dans la chré-
tienneté d'image sainte qui ait été vénérée par un plus grand
nombre de Souverains. Elle vit agenouillée devant elle Philippe-le-Bon en 1467 ; Louis XI en 1478 ; en 1529 ,
Charles-Quint, François Ier, les deux Reines signataires
du traité de paix dite des Dames, huit Cardinaux, dix
Archevêques , trente-trois Évêques et une foule de Princes ; en 1594 , Henri IV ; en 1600 , Albert et Isabelle; en
1649 , l'archiduc Léopold ; en 1657 , le grand Condé ;
en 1677 , Louis XIV, et, en 1740 , Louis XV. Fé-
nelon célébrait chaque jour le Saint - Sacrifice dans sa
chapelle. Les nombreux miracles opérés devant elle ont
été recueillis et écrits par Julien de Ligne , mais cet
ouvrage n'est point parvenu jusqu'à nous. Le levée du
siége de Cambrai , en 1649 , porta à son apogée la renommée de Notre-Dame de Grâce à laquelle les Cambrésiens se
regardèrent comme redevables de leur délivrance. Nous ne
parlerons de ce grand événement que dans ce qui s'y rap-
porte à l'histoire de Douai. En cette circonstance , cette
ville unit ses actions de grâces à celles de la ville de Cam-

brai qui , se souvenant des Marafin et des Balagny , n'avait jamais vu dans les Français que des spoliateurs. Le 11 juillet de cette année, une procession d'environ neuf mille pèlerins sortit de Douai et se rendit , en passant par Bouchain , à l'église métropolitaine de Cambrai, pour y présenter l'hommage de la cité à Notre-Dame. L'hospitalité la plus cordiale leur fut offerte par les Cambrésiens ; la plupart d'entre eux communièrent à la métropole , et tous revinrent le lendemain après avoir laissé dans la chapelle de la Sainte-Vierge trois gros cierges avec des pièces de poésie imprimées sur satin , la première au nom des bourgeois , la seconde au nom des étudiants , la troisième au nom des membres de la Congrégation de la Mère de Dieu(1). On trouve à Douai un grand nombre de copies de l'image de Notre-Dame de Grâce qui témoignent de la popularité dont ce culte jouissait chez nos aïeux. L'une d'elles , que l'on voit encore dans l'église Saint-Pierre, a donné son vocable à la chapelle latérale où elle fut déposée en mémoire sans doute du pèlerinage dont nous venons de parler. L'image miraculeuse fut sauvée à l'époque de la Révolution par un pauvre ouvrier qui la conserva au péril de sa vie , et son culte fut rétabli en 1803. Depuis ce temps, elle n'a pas cessé d'être en vénération dans la nouvelle cathédrale, où les Cambrésiens la regardent comme le pal-

_____

(1) Les détails de ce pèlerinage inédits dans l'histoire du culte de N.-D. de Grâce , que nous avons publiée en 1852 , nous ont été communiqués par un manuscrit appartenant à M. Amédée Leboucq de Ternas , et que celui-ci a bien voulu mettre entre nos mains.

ladium de leur cité. Lors du Jubilé séculaire célébré en son honneur, les Douaisiens, jaloux de marcher sur les traces de leurs ancêtres, se cotisèrent pour lui offrir un présent. Le 18 août, une société d'environ cent cinquante jeunes gens se rendit à la Métropole et exécuta une messe en musique, et le 22, jour de la grande procession, une députation nombreuse qui comptait parmi ses membres les hommes les plus notables de la cité, lui porta une grande couronne de vermeil.

Le 22 juillet 1855, vers six heures du matin, l'image de Notre-Dame de Grâce fut retirée de son habitacle et transportée, par des Chanoines en habits de chœur, dans une voiture attelée de quatre chevaux qui l'attendait devant l'église; les élèves du séminaire se rangèrent en procession, et, au chant des litanies, ils précédèrent jusqu'aux portes de la ville le carosse qui fut accompagné jusqu'à Douai par plus de vingt voitures. Sur toute la route, la sainte image ne cessa d'être l'objet d'honneurs spéciaux de la part des habitants des villages que l'on traversa. A Aubigny et à Aubencheul, les rues étaient jonchées de verdure et de fleurs, les maisons étaient pavoisées de tentures et de guirlandes; à Bugnicourt, M. le Curé entouré de ses paroissiens se tenait à l'entrée du village, et la foule salua Notre-Dame en entonnant les chants que l'Église lui a consacrés. Au faubourg de Douai, une cavalcade de jeunes gens réunis près d'un arc de triomphe en verdure précéda le carosse et s'avança vers la ville en lui formant une escorte d'honneur. Il est à regretter que la sainte image n'ait pas été transportée à Douai selon le mode adopté d'abord , sur un brancard , par des séminaristes à pied, et dans un appareil de procession formée par le clergé des paroisses échelonnées sur la route. Cette marche , en rappelant les jours du moyen-âge , eut été le plus beau des triomphes : Notre-Dame serait entrée à Douai accompagnée certainement de plus de dix mille personnes.

RÉCEPTION DES IMAGES

DE NOTRE-DAME DE LA TREILLE ET DE NOTRE-DAME DE GRACE.

A dix heures et demie , le clergé de Saint-Pierre se rendit à la porte de Lille , et celui de Notre-Dame à la porte de Paris, pour y recevoir les saintes images qui venaient former le plus riche symbole comme le plus bel ornement de la procession séculaire. Sous des pavillons qui y avaient été dressés, les Madones furent disposées dans les châsses qui servirent aux fêtes jubilaires des deux villes qui les possèdent. Les cortéges , salués par la cloche et le carillon du beffroi , se mirent en marche chacun de leur côté , et se dirigèrent vers l'église Saint-Jacques en suivant l'itinéraire tracé par le programme.

La châsse de Notre-Dame de la Treille dans laquelle figurent les quatre Saints canonisés qui vénérèrent autrefois la Madone , était portée par trente Lillois, qui ne voulurent céder à personne l'honneur de soutenir ce fardeau. Devant elle, s'avançait d'abord , précédant un chœur nombreux de jeunes filles tenant en main des palmes d'or, la bannière monumentale du jubilé de 1854, laquelle rappelle la consécration de la ville de Lille à sa bien-aimée Patronne, puis une députation de jeunes gens avec la bannière du Saint-Sacrement ; derrière eux, les confrères adorateurs marchaient entourant des oriflammes de velours rouge sur lesquelles brillaient en broderies d'or les emblèmes de l'amour du Dieu qui se donne à ses créatures ; enfin, autour de la châsse, de jeunes enfants soutenaient les *ex-voto* offerts lors de la fête séculaire par les villes de Cambrai, Douai, Roubaix, Tourcoing, Comines, Wazemmes, et dont le plus précieux, porté par M. le Doyen de Sainte-Catherine, est un reliquaire contenant des cheveux de la Sainte-Vierge donné par Monseigneur l'Évêque de Gand (1).

La châsse de Notre-Dame de Cambrai est en style Renaissance. Son ornement principal consiste en grands médaillons de velours, qui en forment comme la base, et dans lesquels sont étalés les riches joyaux qui appartiennent à l'autel de Notre-Dame. On y remarque le grand cœur d'argent apporté par les Lillois ; un bouquet d'or et de pierres précieuses donné par Monseigneur Malou, évêque de Bruges ; les anneaux épiscopaux de S. E. le cardinal Giraud et de S. G. Mgr Chamon, évêque de Saint-Claude, né à Cambrai ; au-dessus du dôme brille la couronne d'or offerte par les

(1) Voir l'Histoire *complète* du jubilé de N.-D. de la Treille, imprimée chez M. Lefort et écrite par nous.

Douaisiens (1). Le cortége de Notre-Dame, ouvert par la cavalcade des jeunes gens du faubourg de Paris et de la paroisse de Lambres, se compose de deux chœurs de jeunes Cambrésiennes; les unes, vêtues de blanc à l'écharpe d'azur, tiennent des branches de lys; les autres, élèves de la maison Vanderburck, dans le costume modeste de l'établissement dont elles ont la bannière, tiennent des oriflammes de soie aux invocations des litanies de la Vierge immaculée. Les voix des unes et des autres se succèdent pour faire retentir les rues qu'elles traversent, d'hymnes en l'honneur de la Patronne de Cambrai. Elles chantent :

> De votre ville antique, ouvrez, ouvrez l'enceinte,
> Chantez, fils de Douai, vos airs les plus pieux ;
> Voici que dans vos murs entre la Vierge sainte,
> La Reine de Cambrai, de la France et des cieux.
>
> Tous nous l'avions juré : jamais sa noble image
> Ne quittera Cambrai, son terrestre séjour.
> Mais au Seigneur son Fils, Douai, tu rends hommage,
> Et Marie à ses pieds vient offrir notre amour !

Dans les rangs de ces jeunes filles se déploie la riche bannière d'or de la Confrérie qui s'honore de porter le nom de Notre-Dame de Grâce avec le titre de première Confrérie du diocèse, puis vient le clergé revêtu de chappes d'or, enfin la Madone portée par des élèves du grand Séminaire.

Les deux cortéges, escortés par une foule innombrable,

---

(1) Voir le Souvenir du quatrième jubilé séculaire de N.-D. de Grâce de Cambrai, composé par nous et édité par M. Gaume, libraire à Paris.

arrivent presque simultanément près l'église Saint-Jacques. Les châsses renfermant les saintes images sont déposées aux côtés du trône érigé à l'entrée de la rue du Pont-des-Pierres, en attendant le moment où elles prendront place dans la grande procession (1).

(1) M. Jules Pinquet, notre concitoyen, voudra bien nous permettre de consigner ici le témoignage de notre reconnaissance pour le zèle avec lequel il organisa tout ce qui eut rapport à la réception des deux Madones.

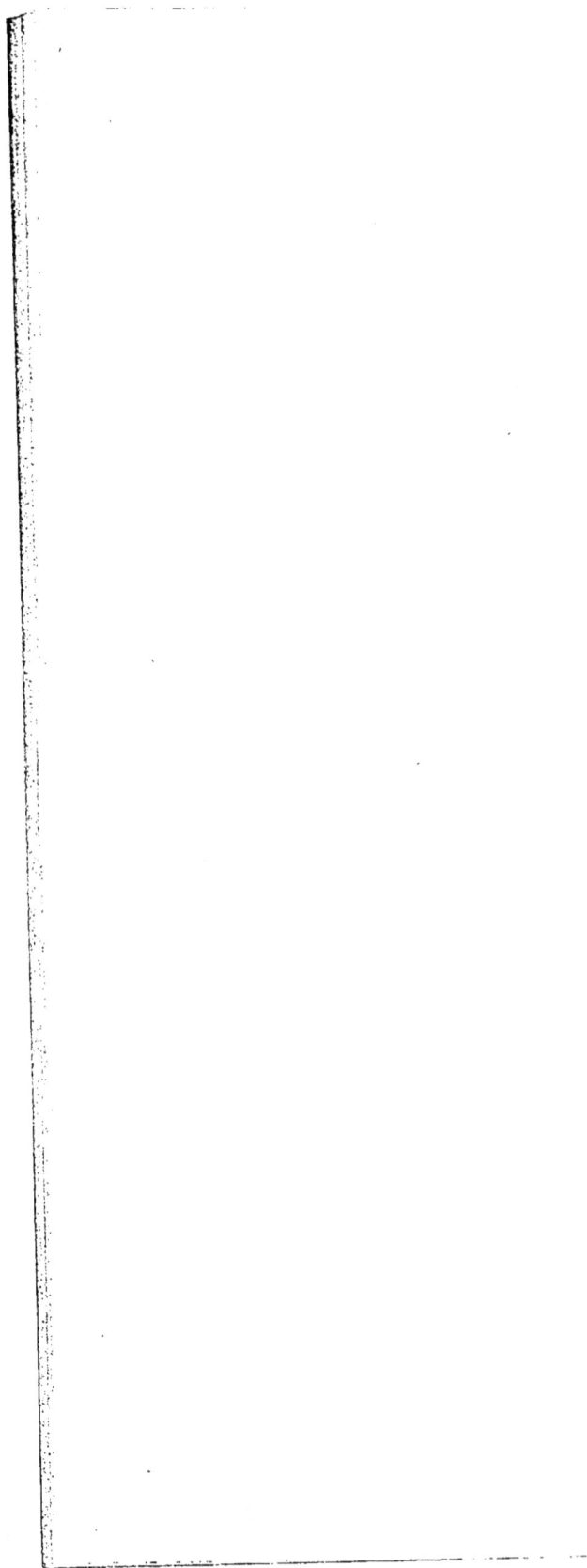

XII.

PROCESSION SÉCULAIRE.

Autrefois, les processions religieuses de la Flandre avaient un caractère tout spécial à ces contrées. Les mystères de la religion y étaient représentés par des personnages qui figuraient les patriarches de l'ancienne Loi, les rois, les saints et les plus hauts dignitaires de l'Église. Les chars y étaient d'obligation, et sur leurs degrés richement décorés apparaissaient des mythes et des emblèmes en rapport avec l'objet de la fête. Le peuple aimait ces sortes de pieuses représentatations auxquelles il était fier de prendre part, et qui rappelaient à sa foi, naïve comme ses mœurs, l'histoire de la religion. Aujourd'hui ces fêtes ne sont plus possibles : la foi, sans avoir perdu sa force, a perdu sa simplicité ; loin de s'édifier, elle s'alarmerait peut-être de ces spectacles ; elle ne pourrait voir des hommes, des jeunes gens se revêtir du manteau des patriarches et des apôtres, se couvrir le front de la mitre des évêques ; ces scènes seraient à ses yeux des travestissements sacriléges. Quant aux chars de triomphe, ils ont été profanés en des jours de folie où des prostituées ont été érigées en déesses ; la religion a abandonné tout cela aux fêtes du monde, et, quoique dépourvue de cet appareil, elle sait rendre ses solennités non moins splendides qu'aux jours anciens. Il n'a donc pu être question d'organiser pour notre jubilé séculaire une procession qui rappelât exactement celle du jubilé de 1754. Il fallut composer une nouvelle ordonnance qui, en conservant ce que le symbolisme chrétien a de plus beau, fût appropriée à l'esprit de notre siècle et sût toucher les cœurs tout en frappant les yeux.

Nous avons maintenant à décrire cette grande scène de la procession séculaire du Saint-Sacrement de Miracle ; il nous faut énumérer un à un tous ces groupes qui s'y succédèrent, peindre leur variété, faire ressortir le cachet particulier de chacun d'eux, expliquer leurs symboles, montrer en un mot dans son ensemble et dans ses détails cette marche triomphale à laquelle plus de six mille personnes prirent part et dont le défilé dura une heure et demie. Ces sortes de spectacles ne peuvent se décrire : il est bien possible d'en donner une idée, d'en crayonner quelques épisodes, mais en représenter la masse imposante, en dire la poésie et le grandiose, c'est une tâche à laquelle une plume, des pinceaux quels qu'ils soient resteront toujours inférieurs. On peut même appliquer à cette procession ce que l'on dit des discours des grands orateurs : qu'ils perdent toujours à être reproduits, parce qu'aux phrases si éloquemment écrites qu'elles soient on ne peut joindre la voix , le geste , le regard , la pose , en un mot la personne de l'orateur. Cependant puisque notre devoir est d'entreprendre cette tâche, nous obéirons : s'il n'est pas possible de représenter la richesse du tableau , au moins , nous ferons en sorte d'en tracer une esquisse fidèle.

L'organisation commence à une heure et demie. Tous ceux qui font partie de la procession connaissent les lieux où ils doivent se rendre ; vingt-huit maîtres de cérémonies qui ont chacun leur poste les aident à se placer dans les rues de la Cloche , Saint-Samson, d'Équerchin , des Vierges , du Pont-des-Pierres , de Sainte-Catherine et dans l'intérieur de quelques maisons particulières d'où chaque groupe s'agencera dans le cortège lorsque pour lui le moment sera venu d'y entrer. Les gendarmes à cheval contiennent les flots du peuple , les troupes de l'escorte stationnent dans la rue Saint-Julien; l'heure du départ indiquée par le programme est arrivée : tout est prêt ! Nosseigneurs les Évêques entrent dans l'église Saint-Jacques, le chœur entonne l'*O Salutaris*, le Patriarche d'Antioche prend le Saint des Saints , et tout le clergé , en chantant des cantiques de louanges au Dieu de l'Eucharistie , se rend à l'entrée de la rue du Pont-des-Pierres. C'est là , que, sur un trône , le Saint-Sacrement entouré de pontifes et soutenu par deux ecclésiastiques , un chanoine de Cambrai et un prêtre d'Antioche qui représentent l'union de l'Église d'Orient et de l'Église d'Occident , va recevoir les hommages de toute la

10

procession qui se déroulera devant l'autel , au son des instruments et au chant des hymnes sacrées.

La musique de l'artillerie à cheval exécute des morceaux
d'harmonie en attendant le groupe qui derrière elle doit ouvrir la marche ; ce groupe que nous appelons *Introduction* est
en quelque sorte la préface du livre que nous allons voir
s'ouvrir à nos regards ; il expose l'idée de l'ensemble de la
procession , c'est-à-dire, ainsi que nous l'avons déjà indiqué : la ville de Douai évoquant les plus beaux souvenirs de
son histoire pour fêter le Saint-Sacrement de Miracle , et
appelant les villes de Cambrai et de Lille à rendre à Notre-
Seigneur Jésus-Christ les hommages qu'elles ont offerts à
sa divine Mère.

INTRODUCTION.

L'ange de Douai (1) vêtu d'une robe de moire d'argent marche en tête ; dans sa main droite, il tient un flambeau, et dans sa gauche un livre, symboles des sciences qui de cette ville se répandaient autrefois jusqu'aux plus lointaines régions. Sur ses pas, de jeunes filles déploient une bannière d'argent qui, ornée des armes de la cité, annonce, par son inscription, DOUAI, 14 AVRIL 1254, le sujet de la fête à laquelle toute la cité prend part.

Les premiers personnages appelés à ces pompes extraordinaires sont les saints que la ville a vu naître ou qui du moins ont résidé dans ses murs ; leurs noms : *saint Adalbald, sainte Rictrude, saint Maurant, saint Chrétien,* ressortent en broderie d'argent sur de légères bannières d'or.

Les arts et les sciences qui ont payé leur tribut au Dieu que la fête honore, sont représentés par des emblèmes au milieu desquels s'étend une large banderolle de soie blanche dont l'inscription en lettres d'or rappelle les liens qui les ont toujours attachés au culte du Seigneur : *A Douai, les arts et les sciences toujours unis à la religion.* De jeunes filles tiennent, pour l'architecture : les plans des églises Saint-

(1) Représenté par Mademoiselle Marie Dislère.

Amé et Saint-Pierre; pour la musique : une harpe et une peinture représentant le buffet d'orgues de l'église Saint-Pierre ; pour l'orfévrerie et la sculpture : une petite châsse d'argent et un candélabre.

Les noms des historiens dont la plume écrivit les pages des annales religieuses de la ville sont inscrits sur des tablettes d'or. Après avoir consulté leurs écrits, il était juste que l'on glorifiât leur mémoire. Honneur dans ces beaux jours aux noms d'*Arnould de Raisse, Willart, Canquelain, Colvenère, de Bar, de Beauchamps, Trigault, Wion* et *Plouvain*.

A la mémoire des historiens de Douai s'attache nécessairement celle de leur mère, l'institution qui donna à Douai le plus riche fleuron de sa couronne. L'Université est rappelée par une bannière d'or brodée d'argent; l'inscription qu'on y lit : *Université de Douai, lutte contre le Jansénisme*, raconte la gloire des docteurs à la science et à l'orthodoxie desquels nos contrées sont encore redevables de la piété qui les caractérise. Les noms des plus illustres d'entre eux sont spécifiés autour de l'emblème de la célèbre école dont ils ont été les plus beaux ornements; ce sont : *Sylvius, Estius, Billuart, Richardot, du Buisson, Galenus, Stapleton, Allen, Legrand, de Vandeville, Chevalier*.

Ce groupe est formé par trente-six demoiselles vêtues d'une robe de soie blanche recouverte d'une ample gaze de même couleur. Sur leurs fronts se pose une couronne de fleurs blanches surmontée d'un long voile, et de leurs épaules descend en sautoir une écharpe d'or ou d'argent selon la nuance des bannières qu'elles tiennent ou qu'elles entourent (1).

Ces demoiselles sont suivies d'un groupe de jeunes garçons vêtus d'une élégante tunique azur ; des mains de ces enfants s'élancent de légères bannières d'argent sur lesquelles sont en broderie d'or les noms des dix-neuf séminaires où trouvaient asile les étudiants de notre Université. Ce sont les séminaires *du Roi, des Évêques, Moulart, Notre-Dame de la Foi, Saint-Sauveur* (ou *d'Hénin*), *La Motte, de La Torre, de Tournai, du Soleil, des Irlandais, Saint-Amand, Saint-Amé, des Sept-Douleurs, Hattu, de Lannoy, de l'Enfant-Jésus, d'Aubencheul, des Huit-Prêtres, Hôtel des Nobles.*

Telle est la ville de Douai, l'Athènes catholique du Nord. L'ange commis à sa garde a appelé vers elle les anges de Cambrai et de Lille ; les voici : ils tiennent

---

(1) Ce groupe dont le personnel fut cherché et invité par Mademoiselle Marie Pellieux, se composait de Mesdemoiselles Élise Augouard, Victoire Barre, Anna Berck, Louise Billet et Pauline Billet, Louise Brassin, Clémence Bruneau, Élise Bruneau, Rosalie Buquet, Anna Carton, Aimée Crespin, Rosine Depoutre, Fanny Devermeille, Sophie Défossez, Augustine Deligne, Laure Deligny, Adèle Dubreuque, Mathilde Desmoutiers, Corinne Dupont, Sophie Dumoulin, Alzire Duvivier, Floride Fliniaux, Sophie Gérez, Laure Hardelin, Céline Humez, Clémence Laignez, Sophie Ledieu, Juliette Martin, Louise Manguière, Victoire Meuse, Marie Murphy, Philomène Pellieux, Louise Pellieux et Augustine Pellieux, Camille Théry, Aspasie Trinquet.

une épée flamboyante et un bouclier d'or où brille la sainte image à laquelle la cité qu'ils représentent a consacré naguère les magnificences les plus pompeuses. Leur tête ornée d'un diadème est ombragée d'une gracieuse bannière de gaze blanche brodée de fleurs ; sur cette bannière, deux cœurs enflammés et accolés l'un à l'autre sont l'emblème de la pieuse union des deux villes dont on distingue les armoiries, et le texte VENITE ADOREMUS qui tient le milieu est le cri qu'elles répètent en accourant aux fêtes du Saint-Sacrement.

Sur les pas de leurs anges, et en suivant leur commune bannière, sont les deux nombreux chœurs de vierges lilloises et cambrésiennes que nous avons déjà vues formant l'escorte des Patronnes de leur cité. Elles ont en mains, les unes des palmes d'or, les autres des branches de lys ; sur leur passage, elles font entendre de mélodieux concerts, offrant alternativement à Dieu les accents qui ont redit aux fêtes de leur cité natale la gloire de la Reine des vertus.

PREMIÈRE PARTIE DE LA PROCESSION.

———◆◆◆———

I.

PAROISSE DE SAINT-PIERRE.

NOTRE-DAME DES MIRACLES.

Ici s'ouvre le livre qui renferme le sublime acte de foi de
la ville de Douai et de la contrée tout entière. La première
page contient les noms des paroisses du canton d'Arleux
et du canton de Saint-Pierre écrits sur les bannières qui
en général n'ont d'autre richesse que leur belle simplicité
et la diversité de leurs couleurs. Arleux, Aubigny, Erchin,
Estrées, Fressain, Gœulzin, Hamel, Lécluse, Monchecourt,
Flines, Lalaing, Sin-le-Noble, Waziers passent tour-à-tour
représentées par des essaims de jeunes filles vêtues de blanc
et voilées qui forment des groupes nombreux dont quelques-uns, il faut bien le dire, contrastent peut-être avec les

magnificences qu'ils précèdent. L'œil néanmoins se repose avec plaisir sur la plupart d'entre eux, surtout sur ceux de la paroisse de Sin qui offrent à Dieu les dons de l'horticulture : les jeunes garçons, en vêtements légers propres aux travaux des champs, portent sur l'épaule des rateaux dorés, et les jeunes filles soutiennent des corbeilles remplies des plus belles fleurs de la saison.

La musique d'Arleux qui ferme la marche des groupes personnifiant les paroisses de la campagne, ouvre celle de la paroisse Saint-Pierre.

Derrière la croix et les acolytes s'avancent les pensionnaires de l'Hôpital-Général. Divisées en quatre sections et chantant des chœurs de cantiques, les orphelines portent une bannière de l'Immaculée-Conception, une grande corbeille de fleurs, un reliquaire de saint Vincent de Paul et un charmant buisson d'aubépine au milieu duquel se dresse le lys symbolique de la divine Vierge conçue sans péché ; deux bannières, celle du saint Rosaire et celle de sainte Monique, distinguent les rangs des femmes ; les hommes ont dans les leurs la bannière et un reliquaire de saint Charles Borromée, patron de l'établissement.

L'étendard de Saint-Pierre est en tête des reliques précieuses que la paroisse possède. C'est d'abord la châsse de sainte Ursule portée par les élèves du pensionnat de Madame Vagnair en écharpes de soie azur ; puis, séparée par la bannière de l'Immaculée-Conception, celle de sainte Rufine confiée aux élèves de Mademoiselle Renart en manteaux de gaze d'or. Après ces deux groupes d'une grande élégance relevée par une modestie plus grande encore, viennent les deux bustes d'argent de saint Hubert et de saint Loup. Une châsse ornée de trophées militaires et renfermant des reliques de soldats de la légion Thébéenne est soutenue par des sapeurs-pompiers ; enfin, un insigne morceau de la vraie croix est placé dans une sorte de pyramide découpée à jour qui brille du vif éclat de l'or sur les épaules d'une élite de jeunes gens en aubes. A l'entour, d'autres jeunes gens tiennent les instruments de la passion du Sauveur.

Ces reliquaires forment l'accessoire de l'objet principal de cette portion du cortège : l'image de Notre-Dame des Miracles. La bannière de soie et d'or qui l'annonce est suivie de celle de la maison des Dames de la Providence portée par d'anciennes pensionnaires de l'établissement en manteaux de moire bleue brodés d'or. Trente jeunes filles précèdent immédiatement la Madone en jonchant de fleurs les lieux de son passage, et trente autres couronnées de roses blanches et parées d'une écharpe de soie azur pailletée d'argent, portent et entourent le riche brancard sur lequel s'élève le dôme qui abrite la sainte image. De forme octogone et de la hauteur de cinq mètres, ce dôme, ainsi que les colonnes qui le soutiennent, est entièrement composé de plumes blanches disposées en fleurons. A voir ce chef-d'œuvre d'art, de fraîcheur, de légèreté, dont les ondulations sont si gracieuses, on dirait un bouquet d'arbustes

couverts de flocons de neige épargnés pour la fête par le
soleil de l'été. Il est dans toutes ses parties confectionné
par les Dames de la Providence, d'après les dessins de
M. Druelle, artiste peintre.

II.

PAROISSE DE NOTRE-DAME.

NOTRE-DAME DE LA TREILLE.

En tête de la paroisse de Notre-Dame se déploie la riche bannière d'Aniche. Deux groupes de jeunes garçons
qu'elle guide représentent l'industrie de cette populeuse
commune, appelant sur ses travaux les bénédictions du
Dieu qui renferme les trésors du feu dans les entrailles de la
terre, et qui apprend à l'homme à transformer en quelque
sorte les éléments pour les adapter à son usage. Les premiers, enfants des intrépides ouvriers qui extraient la houille
des carrières profondes, portent les instruments de travail du
mineur; la lampe est attachée à leur chapeau goudronné,
le pic repose sur leur épaule, et une blouse enrubannée
de velours bleu s'harmonise avec leurs outils étincelants de
dorure. Les seconds sont les fils des verriers; à la nuance

plus chatoyante de leurs vêtements s'unit la couleur de feu
que l'on trouve dans l'ornement de leur coiffure et dans
ces longs tubes de verre surmontés d'un bouquet de fleurs
qu'ils soutiennent en leurs mains.

La bannière d'Aniche est la première de celles des paroisses du canton. L'entourage des autres, qui appartiennent
à Auberchicourt, Dechy, Écaillon, Férin, Guesnain et
Roucourt, consiste en jeunes personnes qui se sont conten-
tées de l'uniforme obligatoire : la robe blanche et le voile.

La paroisse de Notre-Dame, qui se reconnaît à la couleur
bleue des habits des enfants de chœur et du suisse, est la
portion de la procession qui réunit le plus nombreux personnel. Ses groupes qui se succèdent sont d'une belle
variété, et ses châsses d'un goût artistique aussi riche que
pur. Laissons passer les deux gonfanons d'argent des Confréries du Saint-Sacrement et de la Sainte-Vierge ; la bannière de sainte Philomène, qui vient après, précède la châsse
de cette jeune martyre qui s'élève au milieu d'un groupe
de jeunes personnes ornées d'écharpes de soie rouge, et
dont les premières tiennent les attributs de leur patronne.

Voici dans sa chapelette gothique saint Roch que l'on invoque avec tant d'instance aux jours où l'épidémie exerce
ses ravages ; ce Bienheureux ami du peuple a deux bannières offertes par la rue des Ferronniers et la ruelle Pépin ;
sa relique est entre les mains d'un ange, œuvre d'art due
au ciseau de M. Fache, et son image est portée par les
marchands fripiers qui se font gloire d'être ses plus zélés
serviteurs.

Le riche dais velours et or que vous apercevez est élevé
en l'honneur de plusieurs martyrs dont il ombrage les
précieux restes. Les coussinets de soie reposant sur les bras
des demoiselles qui marchent devant lui, sont couverts des
instruments de mort de ces illustres chrétiens ; la roue, le
gril, le peigne, les fouets, les tenailles, la lance, la scie
et le glaive ont pour tous un langage : ils nous disent
que l'amour de Dieu dans un cœur doit être plus fort que
les tourments les plus cruels et qu'au besoin il faut savoir
verser son sang pour conquérir le céleste héritage que Dieu
nous a promis.

Ces jeunes filles conduites par une sœur de Charité et
dont les voix pures chantent des chœurs d'une délicieuse
mélodie, sont de pauvres orphelines recueillies par des
anges de la terre. Sous leurs vêtements d'une extrême simplicité, elles n'envient pas les riches parures, heureuses
qu'elles sont de porter la belle statue de saint Vincent de
Paul qu'une âme généreuse leur a donnée et que les mains
de leurs mères ont ornée de roses blanches dont on se plaît
à admirer l'agencement délicat.

L'image de saint Vincent est entre la bannière de saint
Nicolas tenue par les enfants de l'école communale dirigée
par les Frères de la Doctrine chrétienne et la bannière commémorative du pélerinage des Douaisiens au Jubilé séculaire de Notre-Dame de Grâce de Cambrai le 22 août 1852.

Nous avons encore deux groupes à voir passer avant de
saluer le cortége spécial de Notre-Dame de la Treille. Ce

sont les enfants du catéchisme de persévérance qui élèvent au-dessus de leurs têtes le chiffre de Marie formé de fleurs, puis les élèves de l'école primaire supérieure. Dans les rangs de ceux-ci est un édicule gothique de trois mètres, flanqué de pendentifs supportant des anges qui veillent à la conservation du divin objet qu'ils entourent : une parcelle de la vraie croix.

Maintenant contemplons la bannière monumentale de Notre-Dame de la Treille sous le poids de laquelle plient les demoiselles en manteaux d'or qui la soutiennent. Sur ce riche étendard surmonté de panaches blancs on distingue la figure d'une femme le front ceint d'une couronne murale et agenouillée entre les attributs du commerce et de la guerre. Cette femme est l'image de la ville de Lille offrant ses clefs à Notre-Dame de la Treille qui, assise sur un trône de nuages, forme le sommet de cette magnifique broderie. De jeunes Lilloises précèdent leur Patronne : les unes, aux écharpes rouges, entourent la châsse d'une martyre de douze ans ; les autres, aux écharpes bleues, tiennent quinze labarums d'or représentant les quinze mystères du Rosaire garnis d'oriflammes de moire blanche, violette et bleue brodée d'or.

Enfin, voilà l'image miraculeuse qui, depuis six siècles, reçoit les hommages de la capitale de la Flandre et qui, l'année dernière, fut l'objet d'une pompe triomphale dont les magnificences n'avaient encore été égalées nulle part au monde. Dans sa châsse d'or de style ogival fleuri et que l'on prendrait pour une immense pièce d'orfévrerie, elle apparaît s'élevant au-dessus des quatre Saints qui ont prié devant elle ; à l'entour et derrière, marchent en ordre une foule de Lillois en habits noirs qui la supportent ou qui chantent en chœur ses litanies. Ce sont des membres de la Société de Saint-Joseph. Fiers d'avoir été invités à accompagner à Douai la sainte image si chère à leur âme, ils sont heureux de trouver dans cette ville un beau souvenir des fêtes auxquelles ils ont chez eux contribué avec tant de bonheur.

III.

PAROISSE DE SAINT-JACQUES.

NOTRE-DAME DE GRACE.

Les députations des paroisses du canton du Saint-Jacques sont ici au grand complet ; nous voyons réunis les groupes de jeunes filles qui ornaient les processions des pèlerinages d'Auby, de Cuincy, d'Équerchin, de Flers, de Lambres, de Lauwin-Planques, de Raches, et de Roost-Warendin. Elles ont repris les bannières qu'elles avaient appendues aux murailles de l'église jubilaire, et, parées de leurs robes virginales, elles marchent dans l'ordre que le programme a indiqué. Elles n'ont pas seulement des bannières consacrées au Saint-Sacrement , à la Sainte-Vierge ou au patron de l'église, leurs rangs sont encore diaprés d'une multitude d'oriflammes de diverses couleurs couvertes d'emblèmes et de peintures qui rappellent les gloires ou les douleurs de Marie.

La paroisse de Saint-Jacques n'a point à offrir à nos regards des étendards nombreux, des châsses et une foule de légers ornements. Ses ressources épuisées dans la construction de son église ne lui ont pas permis de faire pour la procession la moindre dépense spéciale. Aussi a-t-il fallu lui donner quelques groupes d'emprunt pour rendre un peu majestueux le cortége de Notre-Dame de Grâce. C'est néanmoins à elle qu'appartiennent deux des plus riches bannières qui brillent dans la procession. La première qui suit la croix est en drap d'argent pailleté ; des broderies en bosse d'or y dessinent le chiffre de Marie et forment la bordure. Les vingt demoiselles qui l'escortent sont en couronnes de roses blanches et en écharpes bleu céleste.

Les élèves de l'orphelinat fondé et tenu par Mme de Saint-Auban, revêtues de robes bleues d'une nuance un peu foncée, et recouvertes d'un long voile blanc , sont amenées sans blesser l'œil par le groupe qui les précède. Disposées en ovale , elles entourent une fort jolie bannière de fleurs qu'elles ont elles-mêmes confectionnée ; dans leurs mains s'étend en rinceaux une longue guirlande de roses figurant un rosaire, et leurs chants harmonieux redisent les louanges de Marie.

Derrière elles vient le buste de saint Chrétien placé sur un piédestal qui renferme le chef sacré de ce vénérable enfant de la ville de Douai. Les jeunes garçons qui, en costume de matelot, la rame sur l'épaule, se tiennent devant et derrière la châsse, rappellent un ancien souvenir de la cité : nos annales racontent qu'autrefois les bateliers invoquaient ce Saint comme leur patron, sans doute parce que sa maison, dont on connaît l'emplacement, était située rue des *Navieurs*, aujourd'hui rue des Potiers, près de la rive de la Scarpe.

Les deux groupes suivants sont composés de demoiselles d'Hénin-Liétard ; on admire leur maintien modeste sous un costume plein d'élégance. Les différents étendards qui les guident indiquent les pieuses Associations dont les unes et les autres font partie. Celles-ci forment la Congrégation de la Sainte-Vierge, et à l'inscription qui, sur leur bannière, surmonte la face sanglante du Sauveur, on reconnaît que celles-là représentent la Confrérie réparatrice du blasphème et de la violation du saint jour du dimanche.

La seconde bannière de la paroisse, plus riche encore que celle qui marche derrière la croix est une commémoration de la définition du dogme de l'Immaculée Conception de Marie. Autour d'elle s'agitent une multitude d'oriflammes de gaze azur portées par des jeunes filles dont les fronts sont ornés de diadèmes d'étoiles d'or.

Mais écoutez ces chants dont l'harmonie est si suave et la piété si affectueuse :

> Lorsque les éclairs et la foudre
> Éclataient sur le Sinaï .
> Israël , le front dans la poudre ,
> Tremblait devant Adonaï.
> Moïse , gravissant le faîte ,
> Osa prier pour Israël ;
> Ne tremblons pas : pour interprète
> Nous avons la Reine du Ciel !
>
> Voyez-vous passer le front grave
> Le fils de l'humble charpentier ?
> Parfois son œil toujours suave
> Illumine le monde entier ;
> Sa voix dans le temple résonne
> Et de fouets il arme sa main....
> Ne tremblons pas : notre Patronne
> Fait obéir l'Homme divin !
>
> Sur une image bien chérie ,
> Voyez Jésus encore enfant
> Souriant gaîment à Marie
> Et de sa main la caressant.
> Si nous sentons la vie amère ,
> Si nous plions sous le malheur ,
> Ne tremblons pas , car notre Mère
> Est la mère du Dieu Sauveur !
>
> L'or du cœur , l'or de la richesse ,
> Tout à notre Reine est donné :
> Qu'offrira donc notre détresse
> Au Dieu de gloire couronné ?
> Tout ce que te donna notre âme ,
> En ce jour , à ton divin Fils
> Daigne le rendre , ô Notre-Dame ,
> Notre-Dame du Cambrésis !

Ces accents de la piété cambrésienne sont formulés par

11.

les pensionnaires dites boursières de la fondation Vanderburck, qui accompagnent Notre-Dame de Grâce. Au parfum de dévotion qu'exhale le chant de ces jeunes vierges se
marie le parfum des fleurs que les élèves du petit Séminaire
effeuillent et répandent à flots sur leur passage. Au nombre de quarante, la robe rouge recouverte d'un transparent
de broderie, ceux-ci tiennent aux fêtes de Douai le rang
qui leur est assigné à Cambrai dans la brillante procession
de l'Assomption ; ils marchent en formant les évolutions
les plus gracieuses ; leurs mains jettent des lys et des roses
qui, en retombant, émaillent la voie publique, et font naître
sous leurs pas les parterres d'un délicieux jardin. Plus d'un,
parmi eux, en jetant ses fleurs dit tout bas à la Mère de
Dieu : Avec elles je vous donne mon cœur ; faites que
comme elles il exhale un parfum qui vous plaise, le parfum
de la vertu !

A la suite de ces pieux jeunes gens et de la riche bannière qui retrace en son médaillon le dessin de la châsse
d'or dans laquelle vous brilliez autrefois aux regards de nos
aïeux, avancez, ô sainte image ! quoique vous ne soyez
venue vers nous que pour orner le triomphe de notre Dieu ;
quoique nous ne devrions vous considérer aujourd'hui que
comme un simple ornement de notre fête, en vous voyant,
nous ne pouvons nous empêcher de vous offrir un tribut
d'admiration et d'amour ! O belle dame de Cambrai, tous
ceux qui vous voient passer ont entendu dans leur jeune
âge les récits merveilleux qui disent les effets de la puissante

protection de la glorieuse Reine dont vous nous retracez les traits si doux : vous avez droit à leur amour !! Vous avez droit à l'amour des Douaisiens dont les pères allèrent autrefois par milliers se prosterner aux pieds de votre autel ! Vous avez droit à l'amour de tous ! C'est vous qui avez donné le signal de ces grandes fêtes qui démontrent la vivacité de la foi de nos belles contrées ; c'est de votre culte qu'ont procédé les splendeurs dont se para la ville de Lille , et celles plus brillantes encore dont nous sommes aujourd'hui les heureux témoins !!..

La sainte image de Notre-Dame de Grâce, portée par dix élèves du grand Séminaire de Cambrai , a clos la première partie de la procession. Après les magnificences du culte de Marie , voici venir les magnificences plus grandes du culte de Jésus.

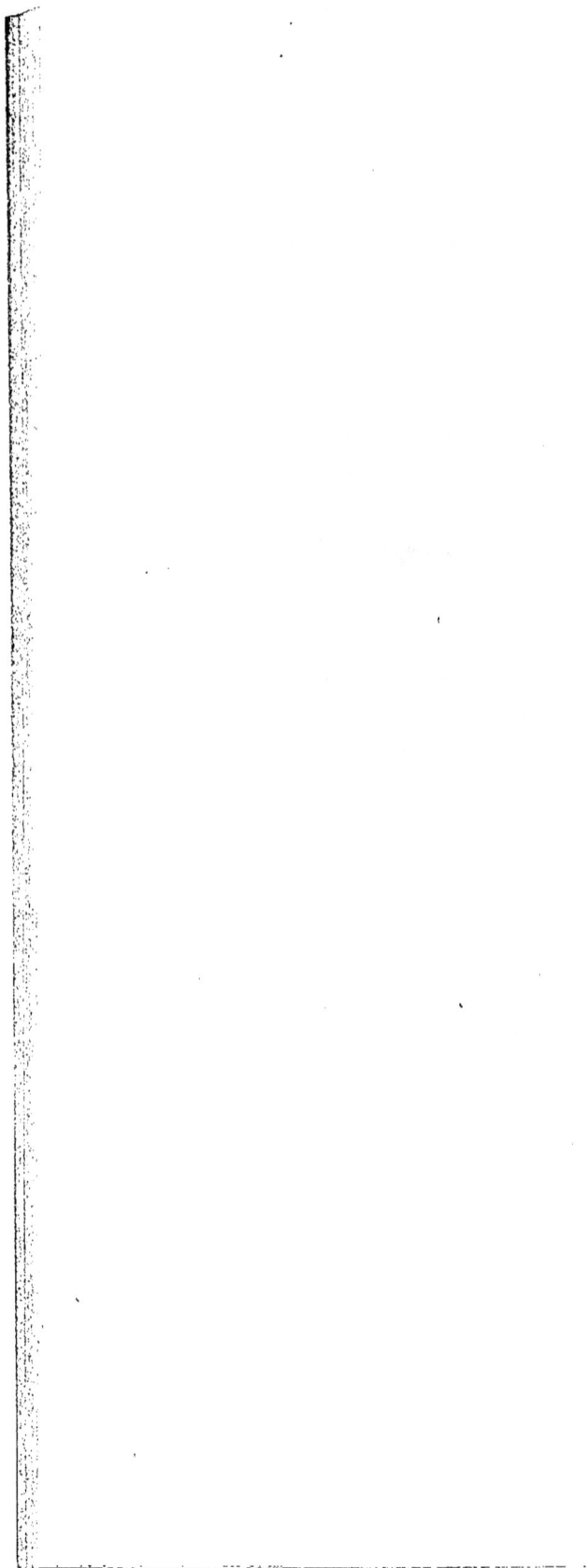

DEUXIÈME PARTIE DE LA PROCESSION.

LE SAINT-SACREMENT.

I.

Cette seconde partie de la procession, exclusivement consacrée à la sainte Eucharistie, présente ce divin objet de nos adorations dans ses symboles, dans son culte et dans l'image du Saint-Sacrement de Miracle.

Des tambours et un corps de musique ouvrent la marche du cortége.

Lauda Sion Salvatorem, Sion, loue ton Sauveur : telle est l'inscription de la bannière d'argent qui s'avance la première. C'est l'épigraphe qui se lit en tête de la seconde partie du livre que nous déroulons ; c'est la parole du prophète qui, entrevoyant dans le lointain des âges l'arrivée du Dieu fait homme, chante aux filles de Sion : *Voici votre Roi qui vient à vous plein de douceur.* Le ciel descend sur la terre pour former la cour de ce souverain Roi et pour exalter sa tendresse : deux chœurs de séraphins font résonner les cordes de leurs harpes d'or, et invitent les créatures humaines à une pieuse allégresse. S'unissant aux esprits célestes, de jeunes vierges ont tressé des guirlandes, et, dans un cœur de fleurs, symbole de l'amour le plus pur, elles ont placé la grande parole que le prêtre adresse aux chrétiens au moment où Dieu va descendre sur l'autel pour continuer l'action du sacrifice de la croix et recevoir les adorations de ses enfants : En haut les cœurs, Sursum corda !

Nous plaçons ici les paroisses étrangères à l'arrondissement de Douai qui sont venues en pèlerinage pendant l'octave du Jubilé. Quiéry, Beaumont, Corbehem, Dourges, Brebières, Vitry passent successivement personnifiées dans leurs bannières que suivent des groupes de jeunes personnes dont le nombre un peu trop grand nuit peut-être au coup-d'œil que devrait présenter l'ensemble.

Le premier groupe principal est consacré à représenter les sept Sacrements. Chaque Sacrement y est symbolisé par une bannière et par les instruments qui servent à son administration, ou par la désignation des grâces qu'il confère. Les bannières sont ornées d'une broderie représentant le mystère auquel elles sont consacrées, et la diversité de leurs couleurs se retrouve dans la gaze légère dont est recouverte la robe virginale des demoiselles qui les entourent.

Nous renonçons à décrire ce groupe auquel la simplicité unie à la noblesse, l'élégance à la modestie, la poésie à la piété, donnaient un charme ravissant, et qui fut

regardé à juste titre comme le plus joli de la procession. On
ne peut s'en former une idée exacte sans avoir vu ces jeunes personnes aux robes nuageuses et de nuances qui semblaient vouloir retracer les couleurs de l'arc-en-ciel, s'avancer en lignes droites et en courbes gracieuses qui s'unis-
saient dans le plus bel ensemble, tout en formant des parties
distinctes retraçant le tableau de chaque Sacrement. Nous
ne pouvons que copier pour ainsi dire le programme dans
la pâle nomenclature qu'il en fait.

Autour de la bannière du Baptême qui est en drap d'argent, on porte une aiguière d'or, un bassin d'or, la robe
d'innocence, le livre de vie, le flambeau de la foi, le sel de
la sagesse, la couronne de l'innocence (1).

La bannière de la Confirmation est en velours rouge (2).
La difficulté de symboliser les sept dons du Saint-Esprit a
forcé d'adopter pour ce sacrement des tablettes dorées sur
lesquelles on lit ces textes de la sainte Écriture qui se rap-
portent à chacun de ces mêmes dons :

(1) Voici les noms des personnes qui composaient ce groupe. Les
deux premières portaient la bannière, les quatre suivantes les rubans
de la bannière, les autres portaient les emblèmes.
Mesdemoiselles Alice Caffrey, Julie Spycket, Marie Handron, Marie
Leprêtre, Augustine Ducrocq, Amélie Dubois, Julie Gravelaine, Clara
Demonchy, Joséphine Leroy, Zoé Piettre, Marie André, Clara Démé-
zière, Marie Pinart.

(2) Mesdemoiselles Aline Tilloy, Isméric Bisiaux, Noémie Bruneau,
Célinie Mortelette, Clémence Caplet, Florentine Barenne, Atala Pavot,
Adélaïde Momal, Juliette Demory, Victorine Rimette, Marie Petit,
Zélie Ogré, Julie Ogré.

SAGESSE. *Avec moi sont les richesses, la gloire et la justice.*

Livre des Proverbes.

INTELLIGENCE. *Une intelligence droite est à ceux qui observent la toi de Dieu.*

Livre des Psaumes.

CONSEIL. *Cherchez le Seigneur, et il vous éclairera.*

Livre des Psaumes.

FORCE. *Qui me séparera de la charité de Jésus-Christ ?*

Épitre de saint PAUL.

SCIENCE. *L'Esprit-Saint vous enseignera toutes choses.*

Parole de N.-S. J.-C.

PIÉTÉ. *La piété est utile à tout.*

Épitre de saint PAUL.

CRAINTE. *La crainte de Dieu hait le mal.*

Livre des Proverbes.

Devant la bannière de l'Eucharistie qui est en drap d'or, les jeunes filles sont en costume semblable (sauf l'immodestie) à celui des moissonneuses peintes par Watteau ; elles ont au bras gauche des gerbes de blé diaprées de bluets et de coquelicots, et à la main droite une faucille d'or; d'autres, derrière la bannière, portent des pampres dans d'élégantes corbeilles (3).

(3) Mesdemoiselles Anna de Coster, Rosalie Penin, Mathilde Déprés, Georgette Saint-Omer, Alida Dutilleux, Camille Lesurque, Clotilde Pollart, Marie Quéant, Cécile Dubois, Irénée Pavot, Alix Duclerfays, Louise Faucheux, Clémence Helbecque, Marie Guillouet, Marie Ténier, Louise Tilmant, Marie Lenclud, Justine Guétemme, Valérie Herlin, Joséphine Leprêtre, Marie Théry, Camille Démont, Mathilde Obez, Constance Planckaert, Berthe Faucheux.

Symbole de l'Eucharistie

du Groupe des 7 Sacrements formé par les Élèves des Dames de Plouer

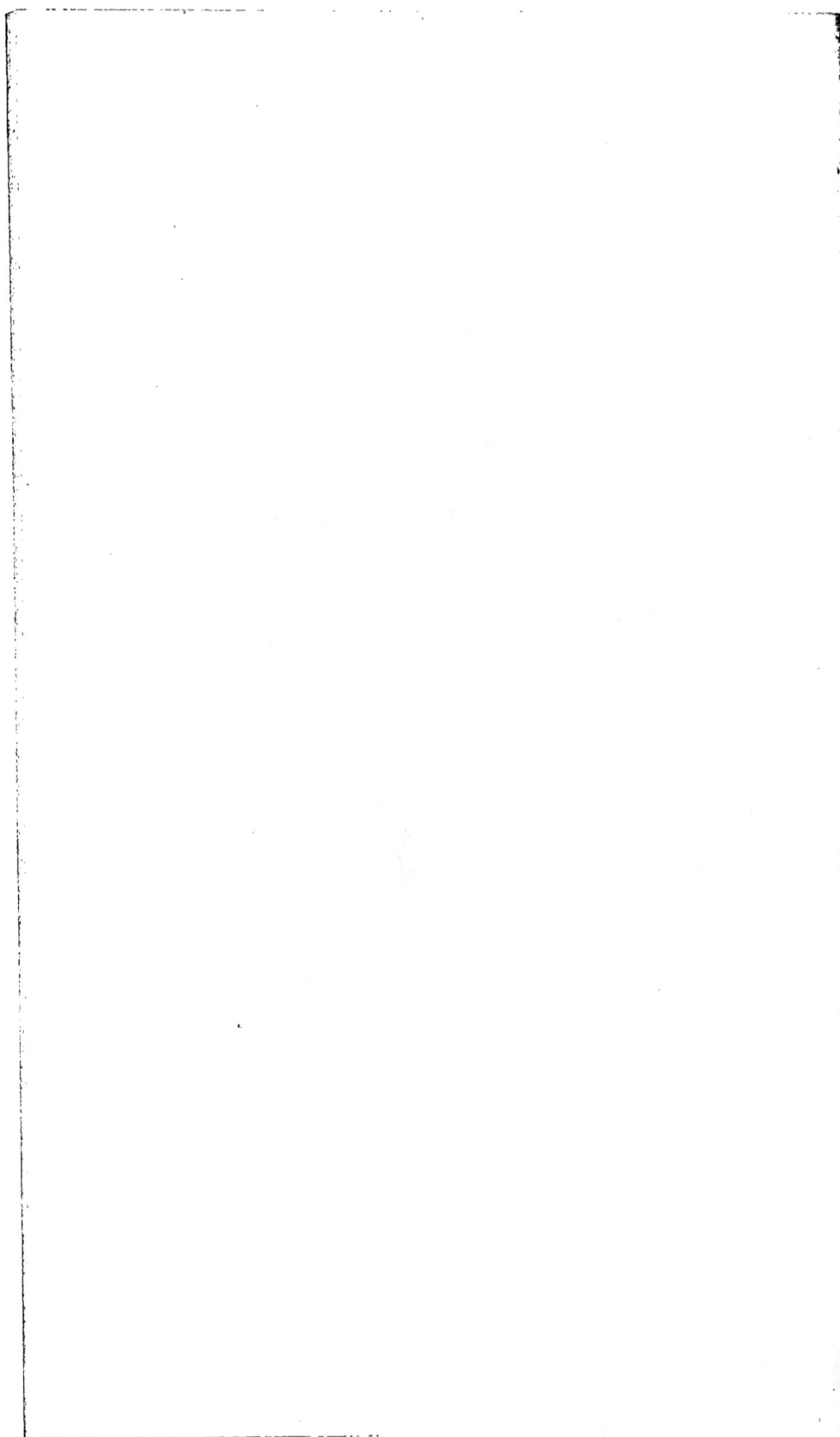

L'emblème principal du sacrement de Pénitence est un tableau sur lequel rien n'est écrit ; une éponge a tout effacé. Un vase lacrymatoire forme pendant à la robe d'innocence, puis sur les pages de deux livres ouverts on lit : *Les péchés seront remis à ceux à qui vous les remettrez. La miséricorde de Dieu est infinie!* La bannière est de soie violette (4).

Celle de l'Extrême-Onction, de couleur verte, a pour entourage un crucifix d'ivoire, un bénitier avec le rameau desséché, le cierge béni, le vase qui contient l'huile sainte, le clepsydre et l'ancre, symboles de la brièveté de la vie et de l'espérance du ciel (5).

La bannière de l'Ordre est au milieu de deux lignes parallèles ; dans les mains des jeunes filles on distingue : un riche calice porté sur un plateau d'argent, des burettes, un bénitier, le livre de l'Évangile, des clefs, un ciboire, une étole de velours brodé d'or, une mitre, un pallium, une aube richement brodée, un encensoir, une navette à encens, une croix de bois sans ornement et une branche de lys (6).

(4) Mesdemoiselles Sara Cowell, Jeanne Appleton, Marie Morelle, Claire Monty, Léontine Tilmant, Catherine Dautricourt, Maria Lewalle, Louise Coulogne, Adèle Gosselet, Clémentine Dannen, Florette Dannen, Adeline Duvivier, Lucie Dubois.

(5) Mesdemoiselles Octavie Spelman, Hélène Brasseur, Zelmire Dussart, Léonie Villain, Clorinthe Bourgogne, Maria Buchet, Flore Chevalier, Palmire Dautricourt, Amélie Ténier, Marie Rimette, Marie Salvy, Onésime Helle.

(6) Mesdemoiselles Louise Vallée, Caroline Bonte, Mathilde Lesage, Catherine Morelle, Célinie Dartus, Marie Lebettre, Anaïs Saint-Omer, Mathilde Devred, Lucile Boulanger, Alexandrine Hubert, Florine

Près de la bannière du Mariage qui est en soie blanche, les jeunes personnes ont au front une couronne de fleurs d'oranger recouverte d'un long voile. Comme ces lévites qui se tiennent près de l'autel dans le magnifique tableau que l'on admire dans l'église Saint-Pierre, et qui représente le mariage de la Sainte-Vierge, elles devaient tenir des chaines et des roses; un conseil que l'on crut sage fit substituer à ces emblèmes des tablettes sur lesquelles on lit les textes suivants (7):

Que l'homme ne sépare pas ce que Dieu a uni.

<small>Parole de N.-S. J.-C.</small>

Élevez vos enfants selon la loi de Dieu.

<small>Épître de saint PAUL.</small>

Le mariage est un grand Sacrement.

<small>Idem.</small>

C'est le symbole de l'union de Jésus-Christ avec son Église.

<small>TERTULLIEN.</small>

Un autre emblème des sept Sacrements est le chandelier d'or à sept branches. Des élèves de l'école des Frères de la Doctrine chrétienne fondée par M. Deforest de Lewarde sont chargés de l'accompagner. Par leur uniforme qui consiste

---

Vandernoot, Marie Marquant, Delphine Langlois, Céline Coulmont, Zoé Lemoisne, Adèle Sauvage, Léonie Potiez, Noémi Rolvart, Marie Tassart, Maria Brossart.

(7) Mesdemoiselles Aglaé Tellier, Pauline Duvivier, Émélie Deswarte. Maria Fliniaux, Zoé Borrewater, Carolina Gendens, Thaïs Harlem Marie Blauwart, Alix Blauwart, Julie Dauby, Marie Rolez.

en une jolie blouse de laine bleu-tendre garnie de liserés de velours, ils établissent une transition entre le groupe qui les précède et ceux qui les suivent. Au nombre de cent environ, ces jeunes gens sont divisés en deux catégories ; dans les mains de ceux qui composent la première et qui marchent sous l'étendard de l'œuvre dite de *la Sainte-Enfance*, on distingue de petites oriflammes blanches représentant le Saint-Sacrement de Miracle, les mêmes, quant à la forme et au dessin, qui furent portées par les enfants dits de *la Charité* à la procession séculaire de 1754. A ceux de la seconde catégorie est dévolu l'honneur de soutenir le monument emblématique qui dans l'ancienne Alliance préfigurait les mystères par lesquels l'Alliance nouvelle reçoit la lumière et l'onction de la grâce divine.

A la suite de la députation des enfants des Frères, en vient une autre du nombreux pensionnat de M. Leleu, à Auchy, près Orchies. La musique de l'établissement, qui exécute des marches religieuses, précède les élèves dont les épaules plient sous le poids d'une œuvre de sculpture richement décorée, représentant une hostie rayonnante montrée par un ange qui tient une banderolle sur laquelle on lit : *Ecce panis angelorum*, voici le pain des anges !

Les élèves du pensionnat de M. Faure qui, comme les précédents, sont revêtus de l'uniforme des colléges universitaires, ont choisi pour paraître à la procession avec un témoignage de leur foi, *le trône de l'Agneau divin*. Ce morceau de sculpture, sorti du ciseau de M. Fache, est conçu d'après le texte même de l'Apocalypse. Sur une base circulaire où l'on aperçoit les sept lampes *qui sont les sept esprits de Dieu*, les quatre animaux symboliques soutiennent sur leurs ailes de chérubin un monceau de nuages d'où s'échappent les carreaux de la foudre ; sur le sommet apparaît, au centre d'une gloire brillante, l'Agneau divin immolé sur la croix et perpétuant son immolation sur l'autel.

Le dernier symbole eucharistique est désigné dans le programme sous le titre d'*Autel des parfums*. Il a été adopté par les élèves du collége ecclésiastique dit de *Saint-Jean* auxquels il permet de composer un admirable groupe. Vingt jeunes gens, vêtus de longues robes de laine blanche recouvertes de la *casula* antique de gaze d'argent, balancent des encensoirs ; d'autres, en second plan, soutiennent dans d'élégantes corbeilles des vases où brûlent des parfums ; derrière, et comme dominant le fond du tableau, huit d'une taille plus élevée supportent, selon le mode employé par les anciens lévites, l'autel dont le feu sacré et perpétuel désignait sous la loi mosaïque l'hostie sans tache qui devait, par Jésus-Christ, s'offrir à Dieu d'une extrémité du monde à l'autre. La fumée de l'encens qui s'élève sans cesse de ce petit monument orné d'or, unie à celle qui s'exhale des vases contenus dans les corbeilles, environne ce groupe d'un léger nuage et jette un reflet aérien sur les longs plis des manteaux d'argent (1).

(1) Les élèves qui formaient ce groupe étaient MM. Alfred Vincent,

Autel des Parfums , Enfants du Collège St. Jean.

Imp. lith. de J. Willeranger à Douai.

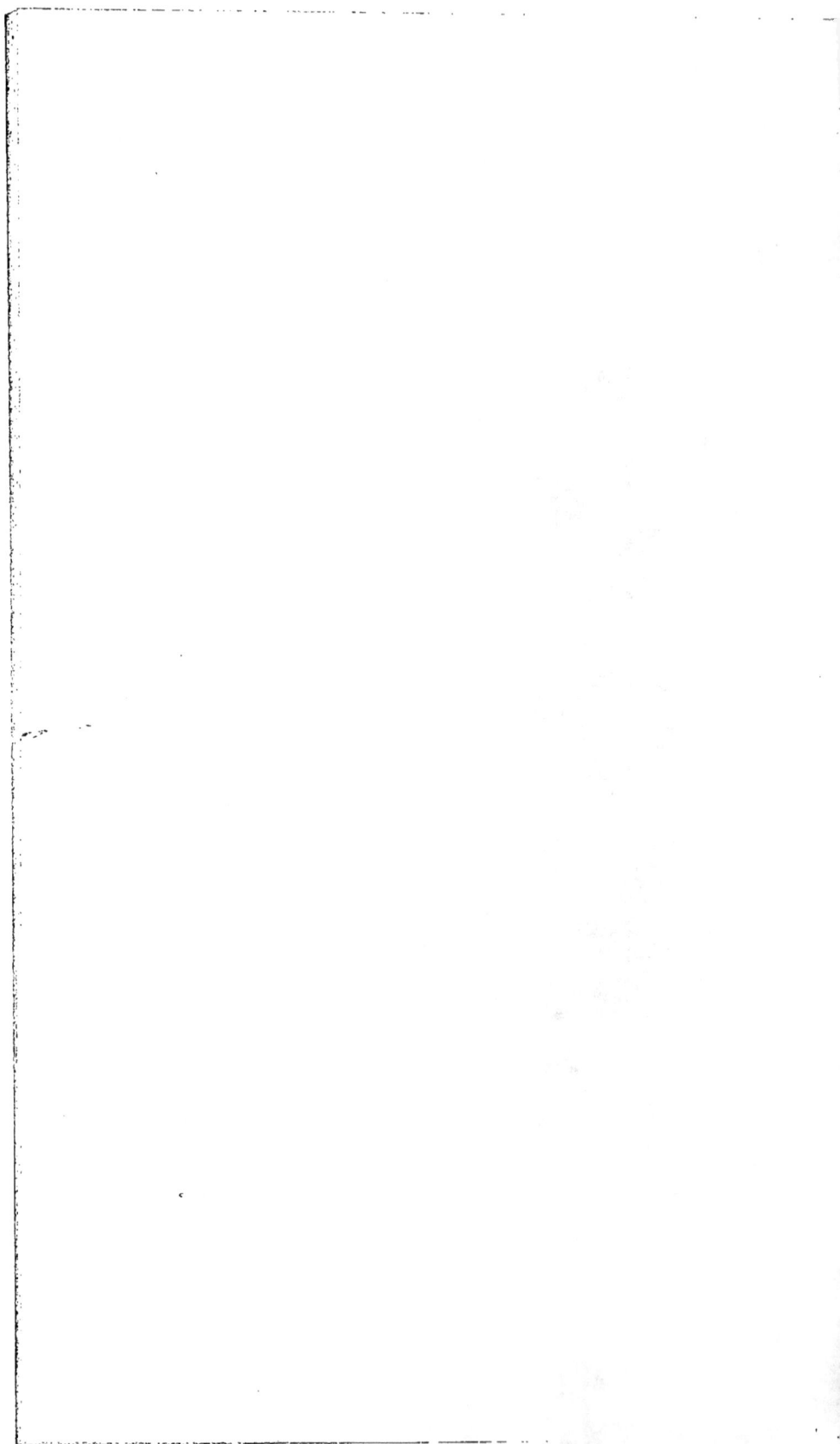

II.

Les symboles ont passé : voici le culte de l'Eucharistie. Nous commençons par un acte de foi à la présence réelle de Jésus-Christ dans ce divin Sacrement , et ce *credo* sacré est sanctionné par les dix-neuf siècles du Christianisme qui viennent eux-mêmes nous apporter leur unanime témoignage , nous féliciter d'être restés attachés à la foi de nos pères, et confondre l'incrédulité. Nous avons trouvé le groupe des sept Sacrements le plus joli de la procession , nous devons dire de celui-ci qu'il est le plus beau et le plus riche : il n'a pas coûté moins de douze mille francs. Formé par les demoiselles du pensionnat des Dames de la Sainte-Union (1) , son ornementation se compose de vingt ban-

Camille Mortreux, Charles Normand, Auguste Lanthicz, Charles Grimbert , Émile Théry , Georges de Campeau , Paul Tréca , Henri d'Esclaibes, Emmanuel Druon, Albert de Badst et Arthur de Badst, Alfred Dauphin , Henri Dubus et Alfred Dubus , Ernest Paix , François Billet et Augustin Billet , Auguste Crespin et Charles Crespin , Paul Lavoix , Charles Trannin , Alfred Delaunay , Émile Pilate , Eugène Bavière , Anatole Rousseau, Charles Cotteau. L'autel était porté par huit élèves du petit séminaire.

(1) Noms des demoiselles qui ont fait partie de ce groupe :

Mesdemoiselles Adèle Tellier , Marie Remy du Maisnil , Marie Debarchies , Célina Mortreux , Marie Vincent , Célina Mullet , Marie Pillons , Adèle Godefroy , Adèle Rogier , Célestine Mullet , Roseline Deblon , Arthémise Drain , Alix Wastelier , Louise Dubrulle , Lydie Lucas , Adèle Duquesnoy , Julie Jacquart , Julie Devred , Céleste Fontaine , Louise

nières. La première , en velours rouge brodé d'or, représente Notre-Seigneur Jésus-Christ tenant en main l'hostie
sainte , et l'inscription qui surmonte l'image du Sauveur :
Ceci est mon corps! exprime le point dogmatique dont la
preuve traditionelle va se dérouler. Les dix-neuf autres, en
drap d'argent brodé d'or représentent les dix-neuf siècles.
Chacune d'elles , ornée d'une hostie rayonnante , a pour
inscription un texte tiré des écrits d'un des docteurs du
siècle dont elle exprime la croyance. Les bannières , en
marchant successivement , sont comme les anneaux d'une
longue chaîne qui remonte à Jésus-Christ et se termine à
notre temps. Les demoiselles qui les tiennent en main sont
parées d'une robe uniforme de moire blanche en soie garnie
de dentelles d'or , et , sous un long voile pailleté , une couronne de feuilles d'or et d'épis de froment couvre leur front.

Naveau , Anaïs Magy , Adèle Asou , Zélie Cochon , Clémence Soyez ,
Victorine Urbain , Marie Voisin , Léopoldine Dubois , Adèle Jacquart ,
Caroline Boulangé , Caroline Taffin , Émélie Cornet , Adolphine Plou-
vier , Aline Denis , Marie Dalle , Fanny Bonduelle , Louisa Breuvart ,
Florence Breuvart, Cécile Breuvart, Émilia Lefebvre, Marie Jacquart,
Maria Cordonnier , Marie Dewavrin , Aglaé Fourmaux , Rose Four-
maux, Justine Dumortier, Zélie Peugniez, Zélie Bayart, Lucie Bayart,
Antoinette Dubois, Amanda Demont, Pauline Winand, Claire Crespin,
Marie Vasse, Adèle Meurice, Clémence Delobelle, Marie Delobelle, Clé-
mence Deblon , Adèle Charlon , Juliette Delecourt , Maria Delecourt ,
Ernestine Jacquart , Maria Pétiaux , Fernande Soyez , Emma Wagon ,
Rosalie Desmoustiers , Sophie Desmoustiers , Marie Desmoustiers ,
Marie Boissonnet , Joséphine Boissonnet , Hortense Normand , Fran-
çoise Normand , Georgina de Smet , Maria Consten , Marie Desmous-
tiers , Marguerite Druon , Marie Janssen , Mathilde Janssen , Mathilde
Hayez, Élise Petit, Léopoldine Pilate, Louise Tréca, Léonie Mortreux.

Salle d'Enfance de la Sainte-Union

Bannières des 19 Siècles, portées par les Demoiselles de la Ste-Union

Imp. lith. de J. Méricamp à Doual

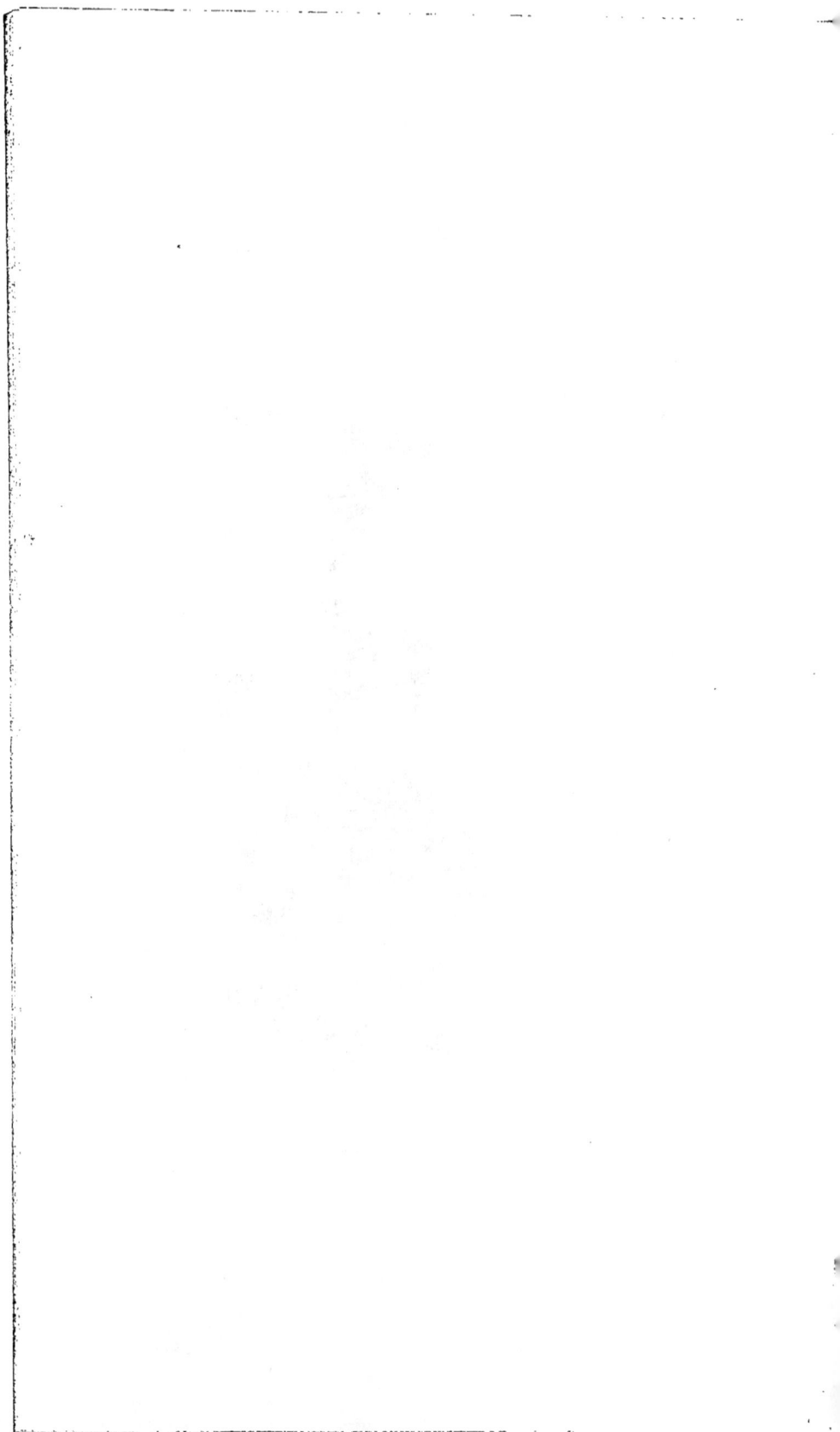

Voici les inscriptions des bannières :

Premier siècle.

Celui qui mange ce pain indignement , mange sa con-
damnation (1).

Saint PAUL.

Deuxième siècle.

Ce pain est le corps du Seigneur (2).

Saint IRÉNÉE.

Troisième siècle.

Notre chair se nourrit du corps de Jésus-Christ (3).

TERTULLIEN.

Quatrième siècle.

Le corps de Jésus-Christ est donné sous les apparences
du pain (4).

Saint CYRILLE.

---

(1) Dans la nécessité de trouver une inscription très-courte , il a
fallu tronquer un peu les textes ; nous les rétablissons ici dans leur
intégrité :

Quiconque mange ce pain et boit le calice du Seigneur indignement , mange et boit son jugement.

Première épitre de saint PAUL aux Corinthiens.

(2) Comment pourront-ils croire que ce pain dans lequel nous rendons des actions de grâce soit le corps de Notre-Seigneur et que ce
qui est dans le calice soit son sang , s'ils ne disent pas que Notre-
Seigneur est le fils du Dieu créateur du monde ?

Saint IRÉNÉE, au chapitre 34 de son quatrième livre contre les hérésies.

(3) Notre chair se nourrit du corps et du sang de Jésus-Christ, afin
que notre âme s'engraisse de Dieu.

TERTULLIEN , dans son livre de la résurrection des corps.

(4) Sous les apparences du pain vous est donné le corps de Jésus-
Christ , et sous les apparences du vin vous est donné son sang.

Saint CYRILLE de Jérusalem , dans sa quatrième catéchèse.

176

Cinquième siècle.

Jésus-Christ nous donne son corps en nourriture (5).

Saint Chrysostome.

Sixième siècle.

Ce qui paraît du pain est le corps de Jésus-Christ (6).

Saint Remi.

Septième siècle.

Jésus-Christ change le pain en son corps (7).

Saint Grégoire.

Huitième siècle.

Ce n'est point une figure, mais vraiment le corps de Jésus-Christ (8).

Saint Jean Damascène.

Neuvième siècle.

Il faut croire que le pain est changé en la chair de Jésus-Christ (9),

Paschas.

(5) Il nous donna son corps en nourriture; ce qui fut la preuve de la plus grande charité.

Saint Jean Chrysostome, dans sa vingt-quatrième homélie sur la première épître aux Corinthiens.

(6) Ce qui paraît du pain est dans la vérité le corps de J.-C.

Saint Remi, dans le dixième chapitre de son commentaire sur la première épître aux Corinthiens.

(7) J.-C. change le pain et le vin en sa chair et en son sang qui conservent leurs propres apparences.

Saint Grégoire, pape, dans son allocution à celui qui doute.

(8) Le pain et le vin ne sont pas une figure du corps et du sang de J.-C., mais le corps même déifié du Seigneur.

Saint Jean Damascène, au quatorzième chapitre du quatrième livre de son traité de la foi.

(9) Quoiqu'ici on distingue la figure du pain et du vin, cependant il faut croire qu'après la consécration il n'y a plus rien autre chose que la chair et le sang de J.-C.

Paschas, abbé de Corbie, dans son livre du corps du Seigneur.

Dixième siècle.

La matière du pain est changée en la substance de Jésus-Christ (10).

FULBERT.

Onzième siècle.

Ce qui paraît du pain est vraiment la substance de Jésus-Christ (11).

Saint ANSELME.

Douzième siècle.

L'hostie n'est plus du pain, mais la chair qui fut crucifiée (12).

Saint BERNARD.

Treizième siècle.

La chair de Jésus-Christ est une nourriture (13).

Saint THOMAS D'AQUIN.

Quatorzième siècle.

Institution de la Fête-Dieu au concile de Vienne (14).

(10) La matière terrestre du pain et du vin passant à une nature et à un mérite supérieurs à son espèce, est changée en la substance de J.-C.

FULBERT, évêque de Chartres, dans son épître à Dieudonné.

(11) A la vérité, vos sens extérieurs ne voient que du pain, mais par les sens de votre âme reconnaissez que c'est le corps de J.-C., le même dans sa substance qui s'est livré à la mort pour vous racheter.

Saint ANSELME, au deuxième chapitre de son explication de la première épitre aux Corinthiens.

(12) L'hostie que vous apercevez n'est plus du pain, mais la chair qui a été attachée à la croix pour la vie du monde.

Saint BERNARD, dans son livre de la dignité sacerdotale.

(13) La chair de J.-C. est une nourriture, son sang est un breuvage.

Saint THOMAS, dans la prose *Lauda Sion* de l'office du Saint-Sacrement.

(14) L'institution canonique de la fête du Saint-Sacrement eut lieu au concile de Vienne tenu en 1311 par le pape Clément V. Le pape Jean XXII en ordonna la célébration dans toute la chrétienté, avec ordre de faire une procession à laquelle on porterait la sainte Eucharistie. Cette loi fut mise à exécution en 1318.

12.

Quinzième siècle.

O Créateur ! vous nous donnez à manger votre très-saint corps (15).

Thomas-a-Kempis.

Seizième siècle.

La substance du pain est changée en la substance du corps de Jésus-Christ (16).

Concile de Trente.

Dix-septième siècle.

Nous mangeons réellement le corps de Jésus-Christ (17).

Bossuet.

Dix-huitième siècle.

Le péché le plus énorme est la communion indigne.

Brydaine.

Dix-neuvième siècle.

Dans le tabernacle, son amour le tient enchaîné.

Cardinal Giraud.

L'acte de foi doit produire un acte d'adoration et de supplication ; c'est ce à quoi est consacré le groupe qui suit les bannières des siècles, et que le programme désigne sous le nom de *prière au Saint-Sacrement.* Les élèves du pen-

---

(15) Ce texte est tiré du quatrième livre de l'Imitation de J.-C.

(16) Il fut toujours cru dans l'Église de Dieu , et le saint synode le déclare , que par la consécration du pain et du vin se fait le changement de toute la substance du pain en la substance du corps de Notre-Seigneur Jésus-Christ , et de toute la substance du vin en son sang.

Concile de Trente , treizième session. De l'Eucharistie , chapitre quatrième. De la transubstantiation.

(17) Après le concile de Trente , il est superflu de s'arrêter aux textes adoptés pour les siècles suivants.

sionnat de Mademoiselle Moreau , en robes de soie blanche recouvertes de gaze et d'écharpes de soie rouge , marchent sur deux lignes parallèles ; au milieu de leurs rangs est une bannière de velours rouge portant un ostensoir brodé d'or , et dans leurs mains elles tiennent des oriflammes en soie de même couleur contenant des invocations à Jésus-Christ présent dans la sainte Eucharistie.

Voici maintenant les villes de la contrée représentées par des députations qui viennent formuler leur acte de foi et s'unir à la ville de Douai pour orner le triomphe du Saint-Sacrement. Les élèves du Lycée impérial avec leur musique et marchant par pelotons les précèdent. C'est d'abord la députation de Landrecies qui semble sortir de son église paroissiale ; le suisse en grand costume, la croix et les acolytes sont suivis d'un groupe de demoiselles parées de leurs robes virginales portant , celles-ci une très-belle bannière , celles-là des corbeilles de fleurs ; les ornements rouges chargés d'or dont sont revêtus les membres du clergé présidés par le Doyen jettent sur ce groupe un éclat éblouissant.

Après la députation de Landrecies s'avancent celles d'Hénin-Liétard , de Saint-Amand-les-Eaux , puis celles d'Orchies et de Tourcoing. Hénin-Liétard compte dans ses rangs deux groupes : au premier sont des jeunes gens tenant une riche bannière du Saint-Sacrement ; au second , les douze mayeurs d'une Confrérie érigée dans cette paroisse en l'honneur du Saint-Sacrement par le pape Jules III.

Saint-Amand se distingue par sa magnifique bannière et le grand nombre des fidèles qui l'entourent (1).

Les députations de Lille et de Cambrai sont aussi très-nombreuses ; elles ont un aspect pompeux et portent leur présent au Saint-Sacrement de Miracle. Nous avons admiré ce matin celle de Lille escortant à son arrivée l'image de Notre-Dame de la Treille ; nous retrouvons ici les jeunes gens avec leur bannière et les adorateurs du Saint-Sacrement avec leurs six oriflammes de velours rouge. Deux de ces derniers tiennent l'*ex-voto* des fidèles de cette ville : il consiste en un riche missel dont les couvertures sont garnies de médaillons d'argent ciselé ; aux angles brillent les attributs des patrons des six paroisses, les armes de Lille et celles de l'ancienne collégiale de Saint-Pierre ; au centre, des plaques représentent d'un côté le Saint-Sacrement de Miracle, de l'autre l'image de Notre-Dame de la Treille avec cette inscription : *Sanctissimo Sacramento de Miraculo civitas Mariæ Cancellatæ XXII julii MDCCCLV ;* le fermoir est orné des armes de la ville de Douai.

Cambrai est présidée par le clergé de la paroisse de Saint-Géry revêtu de chappes de brocard d'or, et des jeunes gens portent sur un coussinet un magnifique calice de vermeil.

(1) La députation de Bailleul ne se trouvant pas au complet au point de réunion qui lui avait été indiqué, ne parut point à la procession, et celles de Roubaix, Valenciennes, Dunkerque, se regardant comme trop peu nombreuses, se placèrent dans les rangs de la Conférence de Saint-Vincent de Paul.

Ce vase sacré, dont la ciselure est un chef-d'œuvre, est en style Renaissance. Sur le pied, trois médaillons représentent les trois apparitions de Notre-Seigneur dans le miracle de 1254, et sur la coupe sont les images de Notre-Dame de Grâce, de saint Géry et de saint Jacques. Au bas est écrit : *Au Saint-Sacrement de Miracle, le clergé et les fidèles de Cambrai. XXII juillet MDCCCLV.*

La députation d'Arras, composée des membres de la Société dite de Saint-Joseph, est très-nombreuse ; elle offre au Saint-Sacrement un cierge monumental.

S'avance ensuite la députation de Merville ayant en tête la musique d'Oignies qui exécute de brillants morceaux d'harmonie. A l'annonce de nos fêtes séculaires, Merville s'est souvenue de son origine : fondée par saint Maurand, elle porte en cette qualité le titre de sœur de la ville de Douai, et, en venant se joindre à cette sœur aînée, elle a voulu se montrer digne d'elle. Sa députation composée de dames, de demoiselles et d'hommes appartenant à la classe élevée de la société, surpasse en éclat toutes celles qui la devancent. Les dames, en robes de satin azur et en chapeaux de crêpe blanc, tiennent une riche bannière du Saint-Sacrement ; les demoiselles, en robes de soie blanche, ont la bannière de la Sainte-Vierge ; les hommes portent sur leurs épaules ou accompagnent une châsse élégante de drap d'or dans laquelle brille un reliquaire renfermant quelques restes de saint Maurand et de saint Amé, leurs Patrons, et M. l'Archiprêtre, accompagné de ses vicaires revêtus d'ornements d'or brodés d'or , ferme ces groupes aussi remarquables par leur richesse que par la pensée qui présida à leur formation.

Enfin nous voyons la députation de la *Sainte-Famille* , pieuse association d'hommes dirigée par les Pères Rédem- ptoristes et ensuite , pour terminer cette longue phalange , la Conférence de saint Vincent de Paul dans laquelle on rencontre des hommes appartenant à toutes les villes du pays, dont les noms ne paraissent pas dans l'énumération qui précède.

On ne peut se figurer la beauté imposante qu'offre la vue de ces réunions d'hommes marchant séparés par des étendards qui portent le nom de la cité qui les a envoyés , mais réunis tous par une même pensée de foi. En les voyant marcher au nombre de plus de cinq cents, tous en habits de ville , tous dans un respectueux silence , tous sans exception le flambeau à la main , on remercie Dieu de ce qu'il s'est conservé partout des jeunes gens , des pères de famille qui ne craignent pas de donner un témoignage public de leur attachement à la religion.

Les corps religieux rangés par ordre d'ancienneté dans la ville suivent les députations. Placées au premier rang, ces religieuses au long voile noir et qui portent une croix sur le cœur, sont les Dames de la Sainte-Union : Douai se glo- rifie d'avoir donné naissance à leur ordre qui se répand dans les villes et les campagnes pour former les jeunes per- sonnes à la science et à la vertu.

Il n'est point nécessaire de nommer celles qui suivent leurs pas : les filles de la charité de saint Vincent de Paul ; ces mères de tous les malheureux sont connues partout comme partout elles sont admirées.

Voyez en troisième lieu les Sœurs dites de sainte Marie qui vont garder les malades à domicile. En bénissant Dieu qui leur inspire toute la tendresse de la charité, bénissez le nom du vénérable Monsieur De Forest de Lewarde qui a doté la ville de leur dévouement.

Les Dames de Flines enveloppées de longs manteaux blancs rappellent par leur nom une célèbre abbaye de la contrée. La plupart des mères de famille de la bourgeoisie doivent à leur zèle le trésor d'une éducation chrétienne et d'une piété solide qui fait leur bonheur.

Les dernières lignes sont occupées par les Sœurs de la Providence dont on aime tant à Douai la simplicité et la candeur. En elles les enfants pauvres trouvent de véritables mères dans les salles d'asile qu'elles dirigent, et les pasteurs des âmes les regardent comme de puissantes auxiliaires pour la manière dont elles enseignent dans leurs classes la crainte du Seigneur aux filles des pauvres ouvriers.

Après les épouses de Jésus-Christ marchent les Frères des écoles chrétiennes et les Pères Bénédictins-Anglais (1). Ces derniers, en grandes robes de chœur, sont précédés

---

(1) Les Pères Rédemptoristes n'ont point paru à la procession : leurs règles leur défendent d'assister aux cérémonies célébrées dans les églises paroissiales.

d'une députation des élèves de leur collége, vêtus, selon l'usage des jeunes clercs dans les églises catholiques de l'Angleterre, d'une robe noire et d'un ample surtout en tissu de lin, et portant à la suite de la croix des torches en cuivre doré garnis d'un cierge.

III.

Les tambours et la musique des pompiers ouvrent une nouvelle série de groupes composant ce que nous appelons l'*Image du Saint-Sacrement de Miracle*.

Un Dieu caché se révèle aux hommes! Ce texte d'Isaïe qui se lisait sur une banderolle portée par un ange marchant en tête de la procession séculaire de 1754, est brodé sur une légère bannière d'argent qui annonce le sujet principal de cette partie du cortége. Cette bannière est entourée de charmants petits garçons, élèves de la salle d'enfance des Dames de la Sainte-Union, vêtus d'une blouse de moire d'argent et ayant sur la tête une toque de même tissu relevée d'une large plume blanche (1).

(1) Les enfants composant ce groupe étaient : Charles Lanthiez, Eugène Rivière, Ferdinand Carpentier, Émile Trinquet, Arthur Bonnin, Henri Culenaere, Léon Tréca, Robert d'Esclaibes, Emmanuel Six, Alphonse Hayez, Alphonse Tréca, Auguste Druelle, Ernest Boissonnet, Eugène Asou, Joseph Dérégnaucourt, Paul Desfontaines.

Autel du St Sacrement de Miracle

Après eux vient un groupe d'anges adorateurs qui se tiennent autour d'un trône formé de plumeaux blancs et sur lequel est élevé, au milieu d'une gloire, une gracieuse statuette représentant l'enfant Jésus.

Aux demoiselles élèves-maitresses de l'Ecole normale est confié un grand cierge richement ouvragé, destiné à brûler devant l'autel et qui fut fondé dans les temps anciens en l'honneur du Saint-Sacrement de Miracle ; elles ont encore trois riches bannières de velours rouge, montrant chacune dans leurs broderies d'or l'image d'une des apparitions de Notre-Seigneur dans le miracle de 1254 : Jésus-Christ enfant, Jésus-Christ juge, Jésus-Christ crucifié.

Entre elles et l'autel que nous apercevons sont placées sur deux lignes des demoiselles appartenant aux familles distinguées de la ville ; vêtues de robes trainantes de moire d'argent garnie de dentelles d'or, ayant au front des couronnes de feuillage d'or, elles tiennent des cassolettes d'argent dans lesquelles brûlent des parfums (1).

L'autel qui domine tous ces groupes représente celui sur lequel s'accomplit le prodige, objet de la fête ; il est orné d'un *antipendium* de drap d'or et surmonté d'un rétable sculpté à jour et doré dans le style architectural du treizième siècle. Sur la table est un calice antique surmonté d'une statue de

---

(1) Ce sont Mesdemoiselles Julia Maurice et Noémie Maurice, Marie d'Hendecourt, Sophie Desmoutiers, Victorine Mouthon de Burdignin, Adélaïde Delval et Céline Delval, et Mademoiselle Migout.

l'enfant Jésus. Pour rappeler la juridiction que le siége épiscopal d'Arras avait sur Douai à l'époque où s'opéra le prodige, trente élèves du grand Séminaire de cette ville, tous revêtus de dalmatiques d'or, sont préposés à sa garde ; les uns le soulèvent sur leurs épaules, les autres, rangés en ordre, le suivent et commencent le cortége du Saint des Saints.

TROISIÈME PARTIE DE LA PROCESSION.

LE SAINT DES SAINTS

ET SON CORTÉGE D'HONNEUR.

Jusqu'ici la procession n'a été qu'une longue suite de fidèles parés des ornements et portant les attributs que la religion emploie dans le culte qu'elle rend à Dieu ; elle va prendre un autre caractère : le Saint des Saints ne tardera point à paraître ! Autour des bannières et des emblèmes, des reliquaires et des saintes images, les diverses classes de la société sont représentées depuis le pauvre ouvrier des campagnes jusqu'aux familles à qui d'illustres aïeux ont transmis de riches blasons. A la vue de ces jeunes enfants si beaux du charme de l'innocence qui brille sur leurs fronts, de ces vierges voilées dont les vêtements sont l'emblème de la pureté du cœur et qui chantent les cantiques de l'amour divin, à la vue de ces hommes qui portent noblement le flambeau de la foi, et de ces épouses de Jésus-Christ qui, pour se consacrer aux œuvres de charité, ont renoncé aux joies du monde, ne croirait-on pas assister à cette scène sublime qui se déploya aux yeux ravis de saint Jean, quand cet apôtre vit le ciel s'ouvrir et la Jérusalem nouvelle apparaître à ses regards? C'est bien là cette multitude qui ne peut être énumérée, composée de créatures de toute tribu et de toute langue parées de vêtements d'une blancheur éclatante et tenant des palmes en mains. Tous leurs sentiments se réunissent dans un seul, et de leur masse imposante s'élève une grande voix qui crie: *Salut à notre Dieu, qui est assis sur le trône!!* Ce Dieu, le voici!!! Son trône, qu'enveloppe un nuage de parfums, est environné d'anges et de vieillards qui disent: *Bénédiction, et gloire, et sagesse, et actions de grâce, honneur, et vertu, et force à notre Dieu dans les siècles des siècles!!* Ces vieillards, ce sont les prêtres (1).

Ceux de la Société de saint Charles, au nombre de vingt, sont couverts de chappes de velours rouge orné de brocard d'or.

Sur leurs pas s'avancent ceux que Douai a vus naître ou qui ont fait une partie de leurs études dans cette ville. Au nombre de trente, revêtus de chasubles d'or, ils portent sur un brancard un pélican, symbole de la charité que Jésus-Christ enseigna à tous les fidèles et principalement aux prêtres. Au sommet du dôme qui recouvre l'emblème, brille un ostensoir

(1) On sait que le mot *prêtre*, en latin *presbyter*, veut dire *vieillard*.

argent et vermeil, dont la tige représente la transfiguration de l'hostie en la forme d'un jeune enfant. Cet ostensoir, d'un mètre de hauteur, est un monument de reconnaissance qu'ils offrent ensemble au Dieu du Saint-Sacrement de Miracle qui daigna les appeler au sacerdoce (1).

Un chœur d'environ deux cents chanteurs composé des élèves de l'École normale, d'amateurs, des chantres des paroisses, et relevé par douze choristes prêtres en chappes d'or uniformes tenant en main des cannes d'argent, entonne les hymnes d'allégresse et proclame soit la grandeur de Dieu, soit l'étendue de ses miséricordes ; la masse imposante de

(1) Monseigneur l'Évêque de Gand, admirant ce témoignage de foi, voulut joindre son offrande à celle de ces prêtres, en mémoire de trois de ses oncles qui étudièrent à Douai, et dont l'un, M. Delebecque, fut le dernier Docteur de notre Université qui survécut à cette célèbre École. Sur le pied de l'ostensoir est placée l'inscription suivante :

D. O. M.

XXII julii MDCCCLV.

In solemniis sæcul. Jubil. SS. Sacram. de Miraculo Duaci hancce pixidem ostensoriam grati de sacerdotio unanimes obtulerunt presbyteri Duaceni RR. DD. Bury can. tit. Camer ; Lebrun dec. Valenc. Quiquempoix dec. Arlodii ; Lefebvre vicedec. pastor in Fressain ; Desplanques past. in Lambersart ; Havez past. in Lomme ; Reytier past. in Guesnain ; Deberckem past. in Baisieux ; Dhainaut past. in Verchain ; Maréchal past. in Nivelle ; Faidherbe past. in Fontibus ad Sylvam ; Dhérin profess. in min. semin. Camer. ; Delagarde vic. in Castello ; quibus libentiss. sese adjunxere qui Duaci litteras didicerunt RR. DD. Desprez episc. S. Dionisii apud afros insul. et RR. DD. presbyt. Chrétien eleem. SS. Cordis Insul. ; Fournet eleem. in Lyceo imp. Duaci ; Bultez past. in Poix ; Mullet past. in Ennetières ; Broux past. in Villa Ghisleni ; Jeanlebœuf past. in S. Piato ; Hanne past. in Etrun ; Moncomble past. in Etrœux ; Devred past. in Hainecourt ; Lemaire past. in Solrine ; Delmer past. in Bantouzelle ; Boulongne

ces voix qui s'alternent avec celles des instruments de la brillante musique de la ville qui marche devant le chœur, saisit l'âme, la fait tressaillir et la pénètre du sentiment de l'adoration.

Contemplez dans l'éclat de la gloire dont les revêt le caractère auguste qu'ils ont reçu du Très-Haut ceux que, dans les divines Écritures, l'Esprit-Saint appelle des anges : Monseigneur Lyonnet, évêque de Saint-Flour ; Monseigneur Cousseau, évêque d'Angoulême ; Monseigneur de Garsignies, évêque de Soissons ; Monseigneur Dufêtre, évêque de Nevers ; Monseigneur Delebecque, évêque de Gand ; Monseigneur Parisis, évêque d'Arras ; Monseigneur Regnier, archevêque de Cambrai. Leurs Grandeurs sont en riches chappes d'or, la crosse en main, la mitre sur le front ; et pour que Douai voie en ses murs une copie fidèle du tableau divin que l'Apôtre bien-aimé vit aux cieux, parmi ces anges il en est un qui est décoré de l'auréole du martyre : Monseigneur Samhiri, patriarche d'Antioche (1).

past. Novæ Villæ S. Remigii ; Canyn past. in Herlies ; Humez past. in Pratis ad Sylvam ; Porey past. in Romeries ; Lamour past. in Beaurain ; Delmer procur. in maj. semin. Camer. l'ava missionn. in diœcesi S. Dionisii et Capelle Duac. can. hon. Camer. missionn. apostol. Jubil. solemn. ordinator nec non hujusce doni provocator. lis fidei testimon. admirans coadunari voluit RR. DD. Delebecque episc. Gandav. in memoriam trium avuncul. qui olim Duaci in Univers. studiis theol. pii incubuerunt.

Cet *ex-voto*, ainsi que le missel de Lille et le calice de Cambrai, est donné à l'église où se célèbre la mémoire du Saint-Sacrement de Miracle, de sorte que si un jour une église était rétablie sur la place Saint-Amé, ces objets appartiendraient de droit à cette église.

(1) Persécuté après sa conversion par les hérétiques dont il avait

C'est à Sa Béatitude qu'est dévolu l'honneur de porter le Saint des Saints. Courbez vos fronts, ô peuples, fléchissez le genou : voilà Celui que l'univers adore, le voilà caché sous les voiles eucharistiques où se plait son amour, parce que nous dérobant la splendeur infinie de sa majesté, ils nous permettent d'approcher sans crainte de sa personne! Devant sa face ruissellent des flots d'un pur encens qui s'échappent des urnes brûlantes que quarante prêtres font voler en cadence ; entre les mains du vénérable Pontife qui tient le second rang dans l'Église catholique, le Dieu qui est contenu dans l'hostie radieuse est porté sous un large pavillon d'argent chargé de broderies d'or et que soutiennent des bourgeois de Douai. Tout à la fois le Dieu de la paix et le Dieu des batailles, il est entouré d'une double haie de prêtres ministres de sa charité et de guerriers ministres de sa colère ; fondateur de la société, auteur des lois qui la maintiennent, il est suivi des magistrats qui gouvernent la cité et qui y rendent la justice.

On remarque parmi les personnages de distinction qui se tiennent derrière le dais escorté par des troupes de la garnison et par notre beau bataillon de sapeurs-pompiers, M. Le Serurier, premier président de la Cour impériale ; M. Meynard de Franc, procureur général ; M. Guillemin, recteur de l'Académie ; M. Migout, général commandant l'artillerie ;

---

abandonné la secte, Monseigneur Samhiri porta sa tête sur l'échafaud ; il apprit qu'il ne devait pas mourir au moment où le cimeterre allait lui trancher la tête.

M. de Matharel, sous-préfet de l'arrondissement; M. Maurice, maire de la ville; M. Petit, doyen des présidents de chambre; M. Bigant, président de chambre; MM. Dubrulle, Vanderwallen, de Guerne, Faucher de Saint-Edme et Dumon, conseillers; M. Drouart, procureur impérial; M. Fleury, proviseur du Lycée, etc., etc. Le cortége est fermé par un peloton de gendarmes à cheval.

Telle est la faible esquisse de cette procession qui s'est déroulée par les rues des Récollets-Anglais, de Saint-Julien, du Pont-du-Rivage, la place du Palais, les rues du Vieux-Gouvernement, Notre-Dame-des-Wetz, des Wetz, l'Esplanade, les rues Saint-Michel, de Lille, Saint-Jacques, de la Madeleine, de Bellain, la place d'Armes, les rues de la Mairie, du Pont-à-l'Herbe, du Pont-des-Dominicains, la place Saint-Amé, les rues du Clocher-Saint-Amé, de la Cloche, des Vierges et de Sainte-Catherine, qui toutes étaient couvertes de joncs, de feuillage et de fleurs. Mise en marche à deux heures et demie, elle se termina à sept heures par le *Te Deum* et la bénédiction du Saint-Sacrement dans l'église Saint-Jacques. Elle parcourut l'étendue de ce long itinéraire à travers une foule immense de peuple qui se pressait le long des maisons, à toutes les fenêtres et jusque sur les toits. Partout sur son passage, elle recueillit les respects de cette multitude dans laquelle se rencontraient plus de cinquante mille étrangers. Quelques personnes ont trouvé que dans cette foule on ne remarquait pas tout le recueillement qu'exige la foi envers le sacrement de l'Eucharistie; ces personnes voudront bien nous permettre une observation : outre que l'on doit s'attendre à trouver une certaine confusion dans une foule compacte que la cavalerie repousse continuellement, il ne faut pas toujours voir dans le bruit confus et dans les clameurs du peuple un manque de foi et de respect. Le peuple ne sait pas garder le silence dans son enthousiasme : quand il a devant les yeux un grand spectacle, en présence de son Dieu comme de ses souverains, il est toujours ce qu'était le peuple de Jérusalem lorsque Notre Seigneur fit son entrée dans cette ville. Le bruit des voix que l'on entendait sur le passage de la procession, bruit qui du reste se calmait quand apparaissait le Saint-Sacrement, excepté pourtant en quelques lieux où la foule était plus compacte, ce bruit et ces clameurs avaient quelque chose de l'*hosanna* des enfants d'Israël. Ce que l'on ne pourra nier, c'est que personne n'y fut témoin d'un scandale.

Dans sa marche, la procession ne cessa de conserver sa splendeur, si ce n'est vers la fin de l'itinéraire où l'on eut à regretter de voir dans les rangs quelques lacunes occasionnées par les stations du clergé aux reposoirs, par un peu d'inadvertance aux signaux donnés, et surtout par la fatigue qui appesantissait tous les pas. Une observation très-juste a été faite : les corps de musique n'y étaient point

13.

assez nombreux ; nous tairons les motifs pour lesquels n'ont
point voulu paraître au cortége deux de ces sociétés dont
les noms figuraient au programme. Quoiqu'il en soit de ces
défauts, nous croyons pouvoir dire que la procession fut
un triomphe, digne du Dieu qui en présidait lui-même la
majestueuse ordonnance. Nous nous bornerons à constater
un seul témoignage, celui de Monseigneur le Patriarche
d'Antioche. En retournant à son hôtel, Sa Béatitude disait,
transportée hors d'elle-même : « Je remercie la divine Pro-
» vidence de ce qu'elle a permis que je vinsse en Europe,
» ne serait-ce que parce que j'ai vu cette fête. J'ai pour-
» tant vu Rome, j'ai assisté à toutes les cérémonies qui ont
» eu lieu dans cette ville lors de la proclamation du dogme
» de l'Immaculée-Conception ; mais je n'ai rien vu qui fut
» si beau et qui m'ait tant impressionné !... »

Reposoir érigé sur l'Esplanade.

XIII.

REPOSOIRS.

Les reposoirs sont un des principaux ornements d'une procession où l'on porte le Saint-Sacrement. C'est là que s'arrête le Saint des Saints, comme aux jours de sa vie mortelle, il s'asseyait quelquefois sur le penchant d'une colline pour y bénir les enfants et instruire ceux qui avaient le bonheur de l'approcher. Lors de la fête séculaire de 1754, on en érigea cinq (1) ; cette année, trois parurent suffire ;

(1) Une note écrite à la main au bas d'un programme de cette fête appartenant à M. le président Bigant, contient sur ces reposoirs les documents suivants :

« Il y avait cinq reposoirs ornés superbement et d'une structure et goût nouveau, enrichis des reliques les plus riches et les plus superbes du pays, avec des glaces les plus belles et les plus hautes de la ville. Les cinq reposoirs étaient, savoir :

» Le premier, au bas de la rue du Clocher-Saint-Pierre, vis-à-vis de la rue du Palais.

» Le deuxième, dans la rue des Wetz, dans le milieu de ladite rue, un peu plus bas que la rue des Malvaux.

» Le troisième était au devant du grand portail de l'église Saint-Jacques.

ils furent magnifiques, et chacun dans un genre différent. Le premier, élevé sur l'Esplanade sous les grands platanes qui bordent cette place au nord, fut sans contredit le plus beau; c'était un chef-d'œuvre d'art et de patience, un témoignage des beaux sentiments qui animent notre armée. Composé exclusivement de pièces d'armes tirées des magasins de l'arsenal de Douai, il fut érigé par les ouvriers de la dixième compagnie d'ouvriers d'artillerie, sous la haute direction de MM. Desmazière, colonel de l'arsenal, et Boué, commandant. Les dessins en furent fournis par MM. Carpentier, capitaine, et Claudel, lieutenant, qui en présidèrent l'exécution avec l'aide des sous-officiers MM. Bertaud, Noël et Michel. Son érection fut approuvée au nom de S. Exc. le Ministre de la guerre par M. le général de Bressolles, directeur général du matériel de l'artillerie, sur la demande de M. Migout, général commandant l'artillerie de Douai, et par l'intermédiaire de M. le général Grand, commandant la troisième division militaire à Lille.

Dans ses lignes qui s'étendaient sur une longueur de quinze mètres et sur une hauteur de treize, ce reposoir

» Le quatrième était à l'entrée de la rue du Petit-Canteleux qui le fermait dans son entier.

» Le cinquième, à l'entrée de la rue des Minimes qui le fermait aussi dans son entier.

» Les rues étaient tapissées de la plus belle tapisserie de la ville et de belles verdures. L'on a tiré le canon du rempart, et avec une batterie de six sur l'Esplanade, derrière le reposoir de la rue des Wetz. On fait nombre de plus de soixante mille étrangers qui sont venus à Douai pour voir cette belle procession. »

affectait la forme de l'arc de triomphe du Carrousel. Il était
élevé sur une estrade à laquelle on arrivait par un escalier de
sept marches. Sa façade, recouverte d'une serge écarlate que
l'artillerie emploie pour ses gargousses de canon , présentait
trois arcades hérissées de toutes les armes que le génie de
la guerre a inventées dans les temps modernes ; ces arcades
étaient séparées par des colonnes de bronze et d'acier soutenant une corniche et surmontées d'un attique où le fer
croisé avec le fer semblait , dans un agencement délicat ,
vouloir dissimuler l'usage auquel il est destiné. Des soleils ,
des trophées, des rosaces, où se mélangeaient cuirasses, fusils, mousquetons , bayonnettes, pistolets , sabres de cavalerie et d'infanterie, formaient, avec des canons et des mortiers montés sur leurs affûts , l'ornementation accessoire.
Au-dessus de l'arcade principale qui recouvrait l'autel , on
lisait l'inscription : *Au Dieu des armées* , et un aigle immense qui servait de base à une croix couronnait ce magnifique ensemble dont l'aspect était fier et imposant comme
le front d'une armée (1). La beauté de ce monument grandiose était encore relevée par de riches tentures rouges qui

(1) Voici la description détaillée des diverses parties du reposoir :
Les colonnes , au nombre de quatre , avaient , suivant les règles ,
leur piédestal , leur fût et leur chapiteau. Le piédestal se formait de
trois canons-obusiers de 12 placés verticalement la bouche en l'air ,
et séparés par des fusils de rempart ; la cimaise était composée de
pistolets et de 70 pontets de fusil d'infanterie formant le boudin.
Dans chaque fût entraient 38 lances séparées dans le bas par 19 fusils
de rempart, et 19 pistolets simulaient les feuilles d'acanthe des chapiteaux. Chaque colonne portait une corniche composée d'une cuirasse

ornaient un bateau amarré à la rive de la Scarpe , et que l'administration des canaux avait fait disposer pour y recevoir les autorités et payer à sa manière un tribut d'hommage au Saint-Sacrement.

La procession traversa l'Esplanade dans toute sa longueur ; elle passa contre le reposoir qui , en ce moment ,

et de 50 bayonnettes entre lesquelles luisaient 50 contre-platines de mousqueton de gendarmerie.

Les pilastres formant les supports des arcades étaient garnis de fusils , sabres et armes diverses agencés ensemble , et avaient pour chapiteaux des pistolets de gendarmerie.

L'archivolte de la grande arcade se composait de 200 lames de sabre ancien modèle d'artillerie à pied , de 200 bayonnettes , de 200 baguettes de pistolet et de 200 pontets en cuivre placés entre les lames de sabre. Les archivoltes des deux petites avaient chacune 130 pistolets de cavalerie , les canons tournés vers le centre , et pour clef de voûte une cuirasse.

Au dessus de chacune de ces petites arcades s'étendait un soleil formé par trois couronnes concentriques de pontets en fer et en cuivre d'où s'échappaient des rayons formés de 30 lames de sabre de grosse cavalerie , de 30 bayonnettes et de 150 baguettes de fusil et de mousqueton.

A chaque angle brillait une rosace formée de pontets en cuivre et de calottes de pistolet.

Dans le panneau surmontant l'arcade principale était l'inscription dont les caractères, de 40 centimètres de hauteur, avaient pour jambages des poignées de sabre et des pontets en cuivre.

La frise se composait de 90 lames de sabre d'infanterie ancien modèle imitant un réseau dont chaque maille encadrait 4 pontets placés en croix. Elle se terminait par une corniche légère dans laquelle entraient 40 dos de cuirasse séparés par autant de lames de sabre la pointe en bas.

L'aigle qui se dressait au-dessus de cette corniche et au milieu du monument avait deux mètres de hauteur ; son envergure était de

réfléchissait dans toute son étendue les rayons du soleil. La musique d'artillerie à cheval avait pris place au côté droit, le chœur des chanteurs se joignit à elle ; le clergé s'arrêta au côté gauche, les Prélats montèrent sur la plate-forme et le Saint-Sacrement fut déposé sur ce trône d'airain. Au même moment, les clairons firent entendre un air belliqueux, et les voix des deux cents choristes s'unissant aux fanfares, entonnèrent le psaume par lequel le roi David célébrait la gloire du Dieu des armées. « Le Seigneur est

six mètres. Dans la composition du corps et de la tête entraient 2,000 mâchoires de chien de fusil à silex. Il avait pour œil la calotte d'un pistolet, et pour sourcil la contre-platine d'un fusil. Dans les ailes entrait un mélange de 1,100 gourmettes de chevaux ; 40 lames de sabre ancien modèle d'infanterie formaient les côtes des plumes ; 300 lames de sabre ancien modèle d'artillerie formaient les plus longues, et 180 bayonnettes les plus courtes. Les cuisses étaient faites de gourmettes et dieusons de fusil ; les pattes, de baguettes de pistolet placées verticalement, et les serres, dans lesquelles se trouvaient les foudres, de pontets en cuivre.

La croix comprenait 12 mousquetons de gendarmerie et d'artillerie ; des baguettes et des bayonnettes figuraient les rayons.

Sur le même plan s'élevaient, aux deux extrémités, des trophées composés de mortiers, de cuirasses, d'armes diverses et de drapeaux, et dans l'espace qui séparait ces trophées de l'aigle, s'étendait, braquée sur son affût, une pièce de canon de montagne garnie de tous ses armements.

L'autel élevé sous l'arcade principale présentait dans sa face une couronne de feuillage au milieu de laquelle brillait la croix de la Légion-d'Honneur encadrée dans des feuilles et des fleurs, le tout exécuté uniquement en pièces d'armes. Un tabernacle décoré de la même manière était surmonté de la couronne impériale composée de bouts de pommeaux de sabre et de contre-platines en cuivre. Derrière s'élevait une petite croix rayonnante composée de pistolets dont les baguettes s'étendaient en rayons.

Sur l'autel s'élevaient des candélabres qui n'étaient qu'un agence-

» grand , ses louanges ne peuvent être assez exaltées ,
» car sa grandeur n'a point de bornes. Seigneur, toutes
» les générations diront votre puissance et la terreur que
» vous avez attachée à vos œuvres. Votre règne est le
» règne des siècles , votre empire passe de race en race
» dans toutes les générations ! » La prière *Domine salvum
fac* pour Celui à qui le Seigneur a donné le glaive afin qu'il
fasse régner la justice, retentit après ce chant tout à la fois
martial et sacré. Puis, quand l'oraison fut chantée par l'Archevêque de Cambrai , la troupe présenta les armes , les
clairons sonnèrent le salut d'honneur , la foule tomba à genoux , et Dieu bénit le peuple et l'armée prosternés devant
lui.

Le second reposoir , érigé dans le fond de la place d'Armes , se déployait sur une étendue de vingt-cinq mètres et
s'élevait à quinze mètres de hauteur. Il se composait de
peintures, de fleurs et de tentures. Des piédestaux formant
avant-corps supportaient des vasques dans lesquels étaient

ment de bayonnettes d'infanterie et de pistolets de cavalerie et de
gendarmerie.

Devant l'autel était suspendu un immense lustre composé de 50 sabres d'artillerie à cheval ; 80 pistolets rangés en gradins étaient chargés de bougies.

Sur les degrés qui conduisaisnt à l'autel étaient braqués à droite
et à gauche des mortiers sur leurs affûts. La plateforme et les escaliers
étaient garnis de couvertures de laine blanche neuves destinées à
couvrir les chevaux. Des schabraques de chevaux formaient le tapis
de l'autel.

Le fond était tapissé de drapeaux et de rateliers d'armes de toute
espèce.

Reposoir érigé sur la Place d'Armes.

Lith. J. Willemaers, Bruxel.

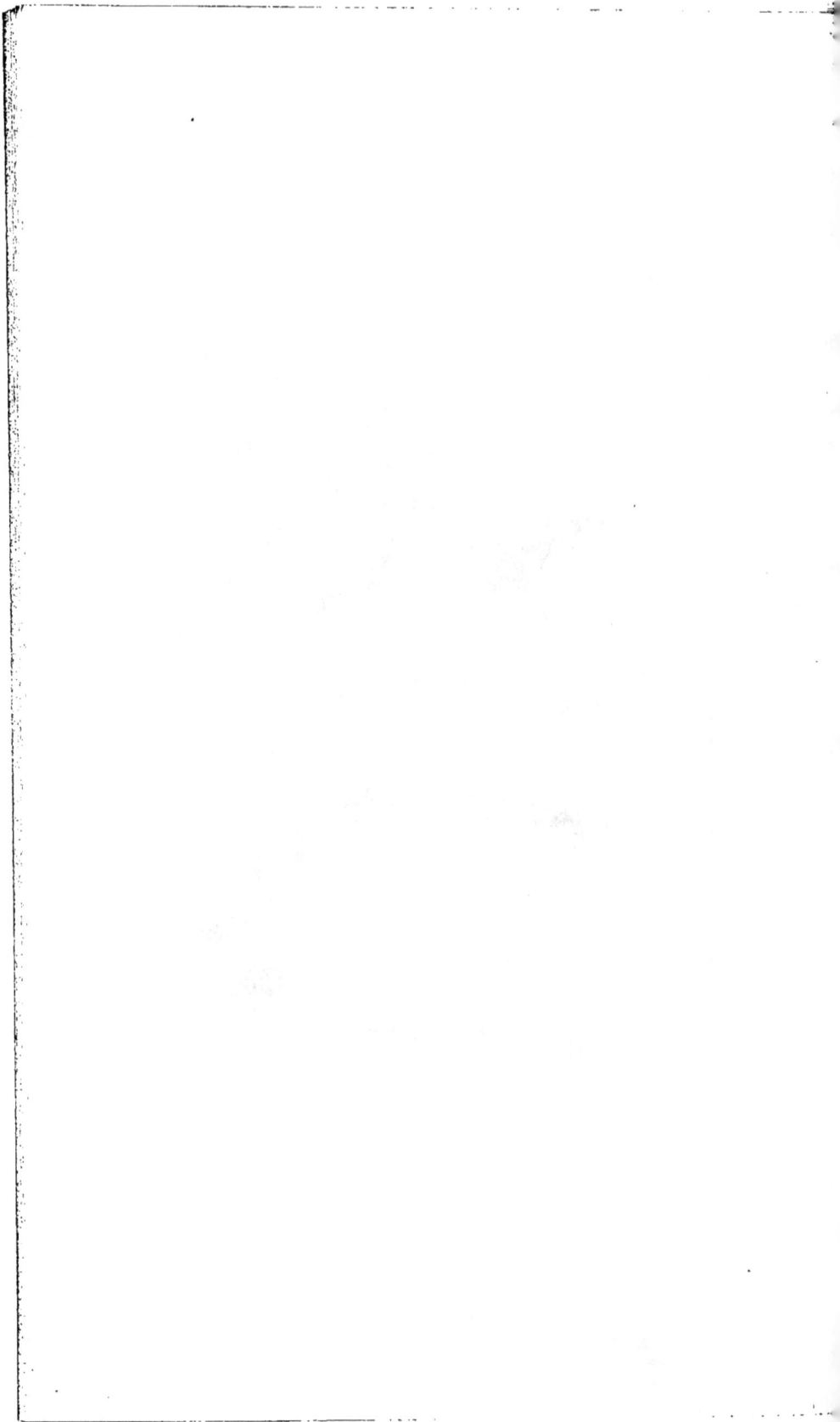

des fleurs ; un escalier de dix marches conduisait sur une plate-forme où se trouvait l'autel. De chaque côté , de grands mâts reliés entre eux par des guirlandes et surmontés de longues flammes rouges s'élançaient d'une ample draperie crépinée d'or, et soutenaient des écussons aux armoiries des évêques présents à la cérémonie. Au-dessus de l'autel , un tableau représentant les quatre Saints de Douai s'encadrait dans des colonnes supportant une frise au haut de laquelle se dessinaient les armes de Douai soutenant une croix. Un immense velarium de velours rouge tombant du sommet couvrait de ses larges plis l'ensemble de cette décoration. La moitié environ du personnel de la procession se groupa sur la Place ; le clergé se plaça devant le reposoir ; les Évêques montèrent sur l'estrade , et le chœur uni à la musique de la ville exécuta le *Lauda Sion.*

Lorsque cessèrent les accords de l'hymne sacrée , Monseigneur l'Évêque de Nevers s'avança sur le devant de l'estrade, et, de sa voix puissante, il adressa cette allocution à la foule qui se pressait dans toute l'étendue de la Place :

« Habitants de Douai ,

» Nous lisons dans les divines Écritures, qu'un jour » l'arche du Seigneur fut transportée pompeusement de la » cité de David à Jérusalem. Tout Israël s'était rassemblé » pour cette grande solennité. Tous les princes et les chefs

» du peuple étaient réunis : une multitude immense suivait
» en faisant retentir l'air des acclamations de sa reconnais-
» sance et de sa joie. Ne renouvellez-vous pas aujourd'hui,
» mes frères, ce grand et imposant spectacle, en y ajou-
» tant peut-être plus de magnificence et d'éclat? Il est
» vrai, ce n'est plus l'arche du Seigneur seulement que
» vous portez triomphalement dans les rues de votre cité ;
» c'est le Seigneur lui-même, le Dieu d'Israël : c'est celui
» que saint Jean a vu dans sa gloire, le front ceint d'un
» diadême, entouré d'une lumière plus brillante que le
» soleil[1], salué par les anges du nom incomparable de *Roi*
» *des Rois, Seigneur des Seigneurs, Rex Regum, Domi-*
» *nus Dominantium.*

» Il fut un temps où ce grand Dieu caché sous l'obscu-
» rité de nos tabernacles ne recueillait de la part de ses
» enfants que l'ingratitude et l'outrage. Mais, aujourd'hui,
» quel merveilleux changement ! Ce roi immortel des siè-
» cles, cet époux radieux de l'Église paraît sur un trône
» splendide et reçoit les hommages d'un peuple enivré
» d'espérance et d'amour.

» Il me semble voir en ce moment les anges et les vieil-
» lards de l'Apocalypse, revêtus d'habits blancs, portant
» une couronne d'or, et répétant avec un saint enthou-
» siasme : *Vous êtes digne, Seigneur notre Dieu, de re-*
» *cevoir l'honneur et la gloire. A vous qui êtes assis sur*
» *le trône et à l'Agneau, salut, bénédiction et puissance*
» *dans les siècles des siècles.*

» Il était juste, habitants de Douai, que celui qui avait
» opéré, il y a six cents ans, de si étonnants prodiges
» parmi vous, celui que vos pères avaient pu contempler
» de leurs yeux sous la figure d'un enfant, d'un rédempteur
» et d'un juge, reçut d'une manière éclatante, au sein de
» cette ville privilégiée, les adorations d'un peuple à jamais
» reconnaissant et fidèle.

» Il était juste que de tous les points de ce vaste diocèse
» on vit accourir pour cette fête séculaire les populations
» émues, heureuses de recueillir quelques-unes des béné-
» dictions qui tombent du haut de ce trône de grâce et de
» miséricorde.

» Il était juste que tous les saints, que tous les illustres
» Patrons de cette religieuse contrée vinssent rehausser
» l'éclat de cette solennité et grossir le cortége de Celui
» dont ils partagent maintenant le bonheur dans le ciel.

» Et vous, auguste Marie, vous avez voulu aussi glo-
» rifier votre divin Fils, et vous avez quitté vos sanctuaires
» bénis pour venir vous associer à son triomphe. Avec
» quelle joie je vous reconnais et je vous considère, images
» vénérées de Notre-Dame de Grâce, de Notre-Dame de
» la Treille, vous qui naguère avez fait palpiter mon cœur
» de si douces et de si vives émotions! Salut, glorieuse et
» puissante protectrice de Lille et de Cambrai! Salut, peut-
» être pour la dernière fois! Mais en ce grand jour, en cette
» solennité mémorable du Saint-Sacrement de Miracle, à
» vous seul honneur et gloire, adorable Jésus, maître sou-

» verain de la terre et des cieux! Que tout genou fléchisse
» devant vous, que les anges et les hommes tombent à
» vos pieds ! Continuez de vous avancer comme un roi
» pacifique à travers les rues et les places de cette ville
» fortunée ; continuez de la protéger, de la bénir, d'assurer
» sa prospérité et son bonheur. *Intende prosperè procede*
» *et regna.*

» Bénissez aussi, et de vos plus riches bénédictions¹, le
» Prince qui nous gouverne et la France notre bien-aimée
» patrie. Bénissez son commerce, son industrie, ses gran-
» des entreprises ; bénissez ses armées si vaillantes et si
» fidèles, couronnez nos soldats des lauriers de la victoire,
» et accordez-nous ensuite une paix glorieuse et durable.

» Et toi, noble cité de Douai, jouis de ton bonheur,
» fais entendre des chants d'allégresse et de jubilation.
» Ezéchiel parle d'une cité mystérieuse dont il décrit les
» richesses et la grandeur et qui n'avait pas d'autre nom
» que celui du Seigneur dont elle était le séjour. *Nomen*
» *civitatis Dominus ibidem.* Eh bien ! cette gloire est la
» tienne ; tu es le séjour et la cité du Seigneur ; tu es et tu
» seras à jamais *la ville du Saint-Sacrement de Miracle.*
» Puisses-tu mériter toujours ce titre magnifique par ta
» fidélité, ta reconnaissance et ton amour !....

     » Ainsi-soit-il. »

Cette allocution fut suivie de la bénédiction donnée par
Monseigneur l'Évêque de Gand.

Reposoir érigé sur la Place Sᵗ Amé.

Le troisième reposoir était situé sur la place Saint-Amé ,
à l'entrée de la rue de la Fonderie , presqu'à l'endroit où
s'accomplit le miracle. Il consistait en un immense tableau.
La pensée qui fut suggérée au peintre qui en dirigea l'exécution est celle-ci : « La collégiale de Saint-Amé où Dieu
» apparut dans l'attitude de souverain Juge , faisait mal à
» l'impiété, l'impiété la détruisit ! Mais elle n'a pu détruire
» le souvenir du prodige qui ne cesse de planer sur les
» débris du monument et qui, dans ces jours, se lève plus
» grand encore , ressuscité en quelque sorte par la solen-
» nité que nous célébrons. » L'artiste mit cette pensée
en œuvre : il représenta les ruines de la chapelle du Saint-
Sacrement , et , au milieu de ses débris , l'apparition miraculeuse dans une gloire resplendissante. Deux arcades d'un
portique mutilé placées au premier plan donnaient accès
dans le sanctuaire ; un pan de muraille de quinze mètres de
hauteur et dont les pierres disjointes étaient çà et là couvertes
de mousse et de plantes parasites , formait le fond ; dans
cette muraille s'ouvrait une fenêtre ogivale qui n'avait plus
que quelques vitraux montrant encore les vestiges de ce
qui avait été les images de saint Amé et de saint Maurand.
On voyait le marbre de l'autel brisé, le tabernacle renversé,
des décombres amoncelés, et au-dessus de l'autel apparaissait le miracle dans un transparent. Ces ruines étaient d'une
belle imitation , l'œil pouvait s'y tromper ; l'ensemble présentait un aspect saisissant.

L'hostie sainte fut déposée sur cet autel qui n'avait d'autre ornement que quelques bougies placées dans de pauvres chandeliers, et le chœur la salua par le chant de l'*Ave verum* exécuté en faux-bourdon.

Pendant la station du clergé à ce reposoir , la procession se repliait sur elle-même dans les rues de la Cloche et de Sainte-Catherine, pour attendre le retour du Dieu dont elle avait formé le cortége, et lui payer sur son passage un dernier tribut d'adoration.

XIV.

FIN DE LA JOURNÉE DU 22 JUILLET.

Avec la procession se terminaient les fêtes qu'il ne sera pas donné à la génération actuelle de voir se renouveler. Le triomphe de la religion, dans les magnificences de l'octave, l'accord unanime des citoyens, l'élan des populations, avait été complet. Tout n'était point fini : les traditions de la vieille hospitalité flamande réclamaient l'honneur du dernier épisode de ces solennités ; elles exigeaient que comme au jubilé du dernier siècle, un banquet fût offert aux grands dignitaires qui étaient venus s'associer à la pieuse joie des Douaisiens et avec eux honorer le Dieu de leurs pères. Pendant que la commission administrative du Bureau de bienfaisance cherchait les moyens de faire, le jour de la procession, une distribution extraordinaire de secours aux pauvres (1), Monsieur le Premier Président de la Cour im-

(1) Pour subvenir à une partie des frais de cette distribution, une quête fut faite par des jeunes gens pendant la procession ; elle produisit environ neuf cents francs. A cette somme, Monseigneur l'Archevêque de Cambrai ajouta une offrande de cinq cents francs.

périale , Monsieur le Sous-Préfet de l'arrondissement et Monsieur le Maire de la ville , avaient pris ensemble et de concert l'initiative de ce banquet , et tous les membres de l'autorité civile , judiciaire, militaire, administrative , universitaire, tous les hommes en un mot qui, à Douai, remplissent une charge élevée, ou qui se trouvent dans une position distinguée , s'étaient joints spontanément à eux.

Le banquet eut lieu à huit heures du soir à l'Hôtel-de-Ville, dans la même salle où s'était donné celui de 1754. Une décoration élégante recouvrait les lambris de cette vaste salle. Dans les trumeaux des fenêtres , des cartouches portaient les noms des siéges épiscopaux dont les vénérables titulaires étaient présents, et un grand tableau qui s'élevait sur le fond principal, représentait la ville de Douai , sous la figure d'une femme , écrivant dans ses fastes la date de 1855 à côté de celle de 1254. Les convives étaient au nombre de deux cents. Des médailles commémoratives du Jubilé séculaire furent remises à chacun d'eux (1).

Vers la fin du repas, Monsieur Besson , Préfet du Nord, porta un toast à Leurs Majestés Napoléon III et l'Impératrice. Dans son discours, qui fut vivement applaudi , ce

(1) La médaille commémorative est d'un diamètre de 35 millim. ; elle est à bélière et en bronze Sur sa face est représenté l'enfant Jésus élevé au-dessus de la coupe d'un ciboire antique, et autour est écrit : *Loué et adoré soit Jésus-Christ au Saint-Sacrement de l'autel.* Au revers , au milieu d'une couronne de feuilles de chênes , on lit l'inscription : *Jubile séculaire du Saint-Sacrement de Miracle de Douai. 1855.* Cette médaille , qui fut frappée à 300 exemplaires , n'a point été livrée au commerce. D'autres , plus petites et de forme ovale, en cuivre, bronze , argent et or, ont été vendues aux fidèles.

Magistrat rappela les titres de l'Empereur à l'amour des Français, et fit remarquer que c'était à son gouvernement ferme et réparateur que nous devions les grandes manifestations religieuses dont le département du Nord montra les splendeurs à la France et au monde.

Peu de temps après, Monsieur Maurice, Maire, prit la parole en ces termes :

« Messieurs,

« Je porte la santé des illustres Prélats qui ont honoré
» la ville de Douai de leur présence, à l'occasion de notre
» grande solennité religieuse. Leur souvenir restera uni
» dans nos cœurs à celui de cette journée mémorable qui
» ne se produit qu'une fois dans un siècle, où nous avons
» vu la population tout entière se lever dans un élan su-
» prême pour rendre hommage au Tout-Puissant!! Je prie
» Nosseigneurs les Archevêques et Évêques de recevoir
» ici, par ma bouche, l'expression de la parfaite et res-
» pectueuse reconnaissance de tous les habitants de Douai,
» de cette ville privilégiée, comme le disait Monseigneur
» de Nevers dans son éloquent et patriotique discours!....
» Messieurs, à nos hôtes vénérés!.... »

Monseigneur l'Archevêque de Cambrai, au nom de ses vénérables collègues, remercia Monsieur le Maire des sentiments qu'il venait d'exprimer, et dit combien il était heureux d'avoir vu les Douaisiens donner de si éclatants témoignages de leur foi et de leur attachement à la religion.

14

Voici le toast que porta après celui de Monsieur le Maire, Monsieur le Premier Président de la Cour impériale :

« Messieurs,

» Je viens à mon tour vous proposer un toast qui, j'en
» suis sûr, ne sera pas accueilli avec moins de faveur que
» ceux qui l'ont précédé. Un toast à ces hommes de Dieu
» qui, pendant la solennelle et sainte semaine qui vient de
» s'écouler, ont répandu parmi nous, avec un éclat qui ne
» pourrait être égalé que par leur dévouement, les bienfaits
» de la parole divine.

» Si leur présence en cette enceinte m'interdit un éloge
» qui blesserait leur modestie, sans rien ajouter à votre ad-
» miration, qu'il me soit du moins permis de me faire l'in-
» terprète et l'organe d'un sentiment qui vous est commun
» avec tous les membres de la grande famille dont vous
» êtes les dignes représentants, le sentiment de la recon-
» naissance, cette dette du cœur qu'il est si doux d'ac-
» quitter.

» Qu'ils reçoivent donc ici l'hommage de notre sincère
» et profonde gratitude. Puisse leur apostolique mission les
» ramener un jour dans nos murs ! Puisse leur pensée se
» reporter souvent sur cette intéressante et populeuse cité,
» où leur passage, si rapide qu'il aura été, laisse de pré-
» cieux et durables souvenirs !

» A Monseigneur l'Évêque de Nevers.
» Au Révérend Père Souaillard.
» A Monsieur l'abbé de Ratisbonne ! »

Quand, après les longs applaudissements qui suivirent ce discours, le silence fut rétabli, Monseigneur l'Évêque de Nevers prit à son tour la parole. Dans une allocution empreinte des sentiments d'allégresse dont les émotions de la journée avaient rempli tous les cœurs, Sa Grandeur porta la santé des Douaisiens, qu'il désigna sous deux symboles dont les noms connus au loin sont les plus populaires de la cité. Le premier de ces symboles est à ses yeux celui de la chevalerie, de la noblesse, du courage et de la force ; le second celui de la grâce, de la modestie, de la fidélité et de l'amour maternel. Après ce toast aux belles qualités qui distinguent les Douaisiens, le Prélat, avec une extrême aménité, voulut bien nommer en particulier l'ordonnateur de la fête.

Pendant le banquet toute la population était répandue dans les rues de la ville pour jouir du spectacle des illuminations, par lesquelles les pauvres comme les riches voulurent prolonger les splendeurs et les joies de ce beau jour.

Nous ne dirons rien de cette dernière partie de la fête, qui fut en harmonie avec toutes les autres. Jusqu'à onze heures la foule ne cessa de circuler, admirant les guirlandes de feu qui s'étendaient partout et variaient leurs nuances dans les lanternes vénitiennes, les verres de couleurs et les corbeilles transparentes ; tous étaient heureux de ce bonheur qu'apporte à l'âme la religion qui, dans les magnificences de ses fêtes, transfigure l'humanité, l'élève dans les cieux, et lui donne un avant-goût des délices infinies.

Peu à peu les transparents et les inscriptions s'obscurcissent, les feux s'éteignent, et avec leur dernières lueurs passe et va se confondre dans les temps qui ne sont plus, le jour du sixième anniversaire séculaire du Saint-Sacrement de Miracle.

Le lendemain, les prêtres nés à Douai, avant de retourner au sein des paroisses qu'ils dirigent, se réunirent encore une fois à l'autel de l'église Saint-Jacques et célébrèrent ensemble un service pour les âmes de tous les fidèles qui firent partie de la Confrérie du Saint-Sacrement de Miracle depuis sa fondation.

———

Ici s'achève donc la tâche que je me suis imposée et que je fus si heureux de remplir. Avant d'abandonner ma plume, ô Douai, je veux t'adresser une parole de félicitation. O cité bien-aimée, laisse-moi te formuler les vœux qui sont pour toi dans mon âme. Laisse-moi te dire le bonheur dont tu m'as enivré quand tu préparais les fêtes de ton Dieu avec tant de zèle, quand tu les célébrais avec tant d'enthousiasme. Oh! que tu t'es montrée belle en ces jours! Que tu t'es montrée belle en accomplissant le devoir séculaire que t'imposaient ton histoire et ta foi! Les âges qui nous ont précédés t'ont-ils jamais vu plus belle? La foi que l'on disait sur le point de s'éteindre dans ton sein, s'est-elle jamais manifestée avec plus de splendeur?

213

Tu peux dire avec fierté que tu as noblement suivi tes traditions ; tu peux dire que tu transmets à la postérité au-delà
de ce que tu as reçu toi-même. Puissent tes enfants garder
les sentiments que tu as fait éclater avec tant de force, garder la sainte croyance de leurs aïeux, lui vouer en avançant
dans les temps de l'avenir un attachement de plus en plus
grand, de plus en plus sincère ! Puissent nos arrières-
neveux renouveler comme nous, en 1954, ton alliance avec
le ciel ! Puissent-ils renouveler comme nous, avec la même
union, la même charité, le grand acte de foi et d'adoration
que tu viens de donner au Saint-Sacrement ! Puissent-ils,
dans la suite des siècles et jusqu'à la dernière génération,
se transmettre et conserver les saintes vertus qui dans cette
ville ont jusqu'ici toujours été héréditaires !!...

XV.

POÉSIES.

Après avoir décrit nos solennités séculaires, il nous reste à faire entendre les voix qui ont chanté leur sainteté et leur splendeur. Cambrai et Lille rencontrèrent des poètes qui exaltèrent la gloire de Notre-Dame et laissèrent aux siècles à venir l'écho des saintes joies du siècle présent. Douai ne pouvait manquer d'avoir aussi ses trouvères ; il lui fallait des chants dignes de ses magnificences et dignes du Dieu auquel elles étaient dédiées. Ses vœux furent accomplis: des poètes ont accordé leur lyre devant l'autel et ils ont chanté. Parmi les pièces de poésie qui nous ont été envoyées , deux sont très-remarquables, l'une est l'œuvre d'un jeune rhétoricien qui essaie sa lyre ; l'autre est l'inspiration d'un prêtre dont le nom a retenti glorieusement au jubilé de Notre-Dame de Grâce. Celui-ci a chanté les siècles passés , le miracle , les antiques traditions ; il a pleuré sur les ruines de la collégiale de Saint-Amé , et mêlé à ses pleurs quelques chants de fête ; celui-là, ému par le grand spectacle auquel il avait assisté, a laissé déborder de son âme des chants d'admiration. L'une de ces poésies préparait la procession, l'autre l'achevait ; l'une était la première voix de la fête, l'autre son dernier écho.

Toutes deux diffèrent aussi par le talent de l'auteur, comme les auteurs diffèrent par l'âge. Monsieur Oscar Meurice, élève de rhétorique au petit Séminaire de Cambrai, qui a chanté la procession, est jeune encore : ses vers ont de la verve et de la noblesse, mais le feu de la poésie n'y est pas répandu avec assez de discrétion ; on peut même ajouter que parfois l'expression manque de netteté et la rime de richesse. Quoiqu'il en soit de ce défaut, la pièce entière est belle, elle est admirable !

Monsieur l'abbé Dehaisne, qui a chanté le miracle en lui donnant pour cadre les ruines de Saint-Amé et l'élégance de l'église Saint-Jacques restaurée pour la célébration du jubilé, a déjà fait ses preuves. Premier lauréat au concours de poésie ouvert à Cambrai lors du jubilé séculaire de cette ville, il s'est dès cette époque placé au rang des maîtres. Nous ne dirons rien de son poème : répandu dans le public peu de temps avant la fête il excita l'admiration de tous ses lecteurs qui comprennent la bonne poésie, et mérita à son auteur les félicitations les plus gracieuses et les plus honorables.

POÈME

DE

M. L'ABBÉ CHRÉTIEN DEHAISNES,

Professeur au collége Saint-Jean, à Douai.

———

LE SAINT-SACREMENT DE MIRACLE.

Lauda, Sion, Salvatorem in hymnis et canticis.
Sion, loue le Sauveur par tes hymnes et tes chants.
Saint Thomas d'Aquin.

———

I.

Le soir, dans la cité, ramène le silence ;
De Saint-Amé muet nul bruit ne monte aux cieux ;
Seuls, les jeunes ormeaux, que la brise y balance,
Murmurent dans la nuit des sons mélodieux.

Autrefois, vers le soir, l'on entendait encore
Les échos expirants des hymnes de l'autel ;
Autrefois, vers le soir, passait le bruit sonore
Des cloches de la tour, ces voix de l'Éternel.
Douai montrait ici la vaste basilique
Que saint Amé nomma de son nom glorieux ;

La rosace s'ouvrait sur le portail gothique ,
Et la flèche hardie allait toucher les cieux.

Et maintenant , hélas ! sur la place déserte ,
Rien qui console un peu le regard attristé :
Sur le sable jauni nul tapis d'herbe verte ,
Nul marbre pour couvrir sa froide nudité.
Lorsque l'astre des nuits l'inonde de lumière ,
J'aperçois , répandus sur le sol desséché ,
Quelques fruits, quelques fleurs, noircis par la poussière,
Quelques haillons flétris, restes d'un vil marché !
Où s'élevait , Jésus, ton autel séculaire ,
Le vendeur a dressé son avide tréteau ;
Tu le chassas du temple en ta sainte colère ,
Le temple est aujourd'hui tombé sous son marteau !
Plus d'éclatants vitraux où les saints et les anges,
Dans la pourpre et dans l'or , brillent doux et pieux ;
Plus de voûte orgueilleuse où d'immenses losanges
Montrent dans leur azur les étoiles des cieux ;
Plus de lampe veillant dans la sombre chapelle ;
Plus de haute colonne au front aérien ;
Plus de tour que la pierre orne de sa dentelle ;
Je cherche autour de moi... plus une croix ! plus rien !!!
Le fer a tout détruit.... Douai vit un Vandale
S'attaquer à ces murs que respectaient les ans ;
Il a vu l'étranger vendre sa cathédrale ,
Et sur la place vide il a pleuré longtemps.
Saint-Amé , cette place est bien ton cimetière :
Sur le sable ondulé , j'y sens parfois mon pied
Se heurter aux débris des chapitaux de pierre ,
Ossements que le sol ne couvre qu'à moitié !

Et je viens dans ces lieux peuplés de ta mémoire ,
Je viens sur ce tombeau répandre quelques fleurs :
Aux ombres de la nuit je veux chanter ta gloire ;
Hélas ! mon faible luth s'amollit sous mes pleurs !

Il ne sait que se plaindre et dire dans l'espace :
« Tu n'es plus ! » — Les échos de ces muets débris
Redisent « tu n'es plus » à l'écho de la place,
Qui le redit mourant dans les airs attendris.

A ces accents plaintifs le passé se réveille :
De sa tombe entr'ouverte il sort avec lenteur ;
Sa voix monte, grandit, éclate à mon oreille :
L'âge de saint Louis se lève en sa splendeur.
Je regarde.... En ces lieux une église se dresse,
L'ogive s'y replie en contours gracieux ;
Autour du chapiteau la guirlande s'y tresse :
Antique Saint-Amé, tu parais à mes yeux !

II.

Qu'elle est belle, ô Douai, ta jeune cathédrale !
Son feuillage en granit n'est pas encor fané ;
Nul hiver n'a passé sur sa flèche ogivale ;
Par les feux du matin son front est couronné ;
De fleurs et de festons sa voûte se décore ;
Des chants harmonieux soupirent dans le chœur :
On célèbre à l'autel la glorieuse aurore
Où Jésus du tombeau s'est élancé vainqueur.

En ces âges de foi, la cité tout entière
Adorait le Seigneur sous la forme du pain,
Et, répandant à flots l'encens de la prière,
Elle venait s'asseoir à son banquet divin.
Mais un impie avait, au sein de Douai même,
Avait osé nier le sacrement d'amour ;
Et Douai, frémissant à cet affreux blasphème,
L'avait de son enceinte expulsé sans retour.
C'était trop tard, hélas ! Quelques enfants rebelles
Étaient déjà séduits par ce vil imposteur ;
Déjà sa voix coupable éloignait les fidèles
Du céleste aliment qui nourrissait leur cœur.

Quoi ! Douai , repoussant des siècles de croyance ,
Pourrait courber son front sous un dogme nouveau !
Avec Rome , avec Dieu brisant son alliance ,
Douai ne serait plus qu'un stérile rameau !
Seigneur , souvenez-vous que notre ville antique
Longtemps en ce grand jour accomplit votre loi ;
Arrachez ses enfants des mains de l'hérétique ;
Venez sauver Douai , venez sauver sa foi.

En ces mots , les chrétiens que renfermait l'enceinte ,
Pour leur cité chérie imploraient l'Éternel ;
Humblement prosternés près de la table sainte ,
Ils demandaient du cœur la manne de l'autel.
Le prêtre répéta sous la voûte profonde ,
En élevant Jésus sur tous ces fronts penchés :
« Voici l'Agneau de Dieu , cet Agneau qui du monde ,
» Sur une croix sanglante , effaça les péchés. »
Il descend de l'autel ; redisant la prière ,
Il présente le pain qui contient le Sauveur.
Tout-à-coup , ô prodige ! il voit , là , sur la pierre ,
Une hostie !!! Il s'arrête , il pâlit de stupeur.
Le corps du Dieu puissant qui commande à la foudre ,
Du redoutable Dieu par l'archange adoré ,
Est gisant sur la dalle et traîne dans la poudre !
Il s'incline , et ses doigts touchent le pain sacré.

III.

Mais soudain de sa main pieuse
L'hostie a glissé doucement ;
Elle s'élève radieuse ,
Et dans l'air vole lentement.
Comme on voit une blanche étoile
Se mouvoir la nuit dans les cieux ,
L'hostie où le Seigneur se voile
Monte et se pose sur la toile
Où coule le sang précieux.

De toutes parts ce cri s'exhale :
Gloire à Jésus ! gloire au Seigneur !
Et tout, de la voûte à la dalle,
Tout redit l'immense clameur.
Prêtres, vous accourez en foule
Autour du pain miraculeux ;
Douai vers Saint-Amé se roule,
Comme la mer, lorsque la houle
Soulève les flots onduleux.

L'on adorait.... D'immenses flammes,
Montant dans le temple ébloui,
Soudain épouvantent les âmes :
Tel apparut le Sinaï.
Et dans l'ondoyante lumière,
Océan qui remplit le chœur,
Au-dessus de l'autel de pierre,
Aux yeux de la foule en prière
Apparaît le divin Sauveur.

Tantôt, sur de sombres nuages
Qu'entr'ouvre une pâle lueur,
Il se montre entouré d'orages ;
Devant lui marche la terreur.
Le feu qui sort de sa paupière
Au loin épouvante les airs,
Et, de sa droite meurtrière,
Il lance sur la ville entière
Et le tonnerre et les éclairs.

Tantôt, brillant comme l'aurore,
Les cheveux blonds et le front pur,
Il se montre enfant jeune encore ;
Il lève au ciel ses yeux d'azur.
Son corps presse un nuage rose,
Berceau mobile du Sauveur,
Et sur sa bouche à demi-close
Un sourire divin repose
Comme un rayon sur une fleur.

Tantôt , majestueux et grave ,
Son front marque trente printemps ;
Son regard est noble et suave ;
Ses traits sont doux malgré les ans.
Tantôt , il montre sa poitrine
Que perça le fer des bourreaux ,
Et des aiguillons d'une épine
Le sang sur la face divine
Tombe et coule en larges ruisseaux.

Ainsi , Seigneur , pour tous visible
Tu paraissais tout à la fois
Doux enfant et juge terrible ,
Dieu de la cène et de la croix.
Quand l'un sourit à ta naissance ,
L'autre redoute tes fureurs ;
Quand l'un te vénère en silence ,
L'autre pleure sur la souffrance
Qui brise l'Homme des douleurs.

Quatre fois les feux de l'aurore
Avaient brillé sur Saint-Amé ,
Et Douai te voyait encore
Brillant sur l'autel enflammé.
Tu disparus.... La cathédrale
Longtemps attendit ton retour ;
Longtemps encore sur la dalle
La foule prosternée exhale
Ses cris de foi , ses pleurs d'amour.

IV.

Mais ce transport brûlant qui , débordant de l'âme ,
Versait des flots d'amour devant le saint autel ,
Ne s'est-il pas éteint quand la céleste flamme
S'éteignit elle-même aux pieds de l'Immortel ?

Des siècles écoulés j'ai remonté les ondes,
Dans la nuit du passé j'ai reporté les yeux ;
Interrogeant les morts dans les tombes profondes,
J'ai de leur long sommeil réveillé nos aïeux :
Et des replis de l'or du sacré tabernacle,
Et des marbres sculptés, et des vitraux brillants,
Livres toujours ouverts qui parlaient du miracle
A l'œil de la science, à l'œil des ignorants ;
Et de ce sanctuaire où d'ardentes lumières,
Où les plus belles fleurs, les chants les plus moëlleux,
Unissant leurs parfums aux parfums des prières,
Voilaient de leur encens l'autel miraculeux ;
Et de la profondeur de la sombre chapelle
Qui prouvait par son nom tous ces faits éclatants,
Et qui fut l'arche sainte où la manne nouvelle
Brava sans s'altérer les injures du temps ;
Et de ces jours de pompe où la cité pieuse,
Sous la pourpre d'un dais de flambeaux entouré,
Regardait s'avancer la châsse radieuse
Qui dans un soleil d'or portait le pain sacré ;
Et de tous les hameaux de nos vastes provinces
Qui près du saint autel envoyaient leurs enfants,
Et des lointains pays dont les rois et les princes
Y déposaient l'orgueil de leurs fronts triomphants :
De tous ces souvenirs que m'évoque l'histoire,
Mille bruits éclatants s'échappent à la fois,
De tous ces monuments montent des cris de gloire
Qui dans les airs émus ne forment qu'une voix,
Voix qui sort du passé, plus douce et plus profonde
Que le vent qui murmure au vaste sein des bois,
Irrésistible voix qui jette sur le monde
Ces accents solennels : *Credo*, je crois, je crois !
Et ce *credo* sacré, ta nef large et sonore,
Antique Saint-Amé, cent fois l'a répété ;
Sous ta voûte la nuit le disait à l'aurore,
Et les siècles éteints aux siècles l'ont chanté.
Tes échos l'ont redit, quand au nom de Dieu même

Cantimpré dans leur foi confirma les mortels ;
Quand au nom de la France , ôtant leur diadème ,
Saint Louis et nos rois priaient à tes autels.
Tes échos l'ont redit , quand de leur voix puissante
Pour prouver le miracle ont parlé nos docteurs ,
Et quand du jubilé la gloire éblouissante
Vint , au siècle dernier , t'entourer de splendeurs.
Voltaire alors voulait ébranler sur son trône
L'inébranlable Dieu qui règne avant les temps ;
Toi , Douai , de tes mains tu posas la couronne
Sur ce Dieu qui passait , chanté par tes enfants.
Alors , ces magistrats que revêtait l'hermine ,
Ces canons qui tonnaient de leur puissante voix ,
Ces prêtres brillant d'or , cette pompe divine ,
Dans ta nef , Saint-Amé , tout répéta : Je crois !
Tu l'as redit encor , quand des mains meurtrières
N'ont pu trouver ce Dieu que cherchait leur fureur ,
Et le dernier débris de tes dernières pierres
Porta ce cri sacré jusqu'aux pieds du Seigneur !

V.

Et tu n'es plus !... Quoi donc ! une voix solennelle
De ton saint jubilé nous rend les jours pieux ,
Et Douai n'offre plus une seule chapelle
Pour rappeler au moins le miracle des cieux !
Si cet affront pesait sur notre ville antique ,
Nos pères indignés sortiraient du tombeau !
Lève-toi dans les airs , auguste basilique ,
Lève une tête altière , ô Saint-Amé nouveau !
Ton sein s'est élargi ; rends-le plus vaste encore
Pour les adorateurs qui presseront leurs flots ;
Que ton dôme hardi sous la voûte sonore
Pour les chants de la fête ait de plus longs échos ;
Qu'à l'autel , soulevant leur paupière brûlante ,
Des anges prosternés adorent le Sauveur .

Et que dans le nuage une gloire brillante
De l'antique miracle étale la splendeur.

Salut, prêtre zélé, toi dont la main nous donne
Cet autre Saint-Amé, ce temple gracieux ;
Oui, salut !... Je disais ; et portant la couronne,
Déjà l'ange, ô martyr, avait fermé tes yeux !
Nous devions te former un cortége de fête,
Et nous avons formé ton cortége de deuil,
Et nous t'avons conduit à la tombe muette,
Et déjà le gazon jaunit sur ton cercueil !
Mais de ta sainte voix l'écho pieux et tendre
Résonne encor pour nous plus touchant et plus beau ;
Nous savons te pleurer ; nous saurons te comprendre,
Et tu vivras pour nous au fond de ce tombeau !

Entends sa voix, Douai ; célèbre cette fête
Qu'à ta cité chérie il laisse pour adieu ;
Que sa douce ferveur sur ton front se reflète ;
Fais éclater au loin la gloire de ton Dieu.
Lille et Cambrai naguère honoraient Notre-Dame :
L'un de tes fils guidait leurs cortéges pompeux ;
Ce fils vient aujourd'hui t'animer de sa flamme ;
Douai, donne à son zèle un concours généreux.
C'est pour Dieu qu'il te parle, écoute sa parole :
Que tes plus belles fleurs, les roses, les enfants,
Forment au Dieu d'amour une douce auréole ;
Que tout brille et s'égaie en tes murs triomphants.
Sois digne des Prélats, troupe nombreuse et sainte
Que de si loin l'Église envoie en ta cité ;
Sois digne des chrétiens qui dans ta vaste enceinte
Viendront, foule pieuse, abaisser leur fierté.
Incline aussi ton front : voici des jours prospères ;
Assieds-toi, le cœur pur, aux tables du saint lieu.
Douai, noble cité, sois digne de tes pères,
Sois digne de ton rang, sois digne de ton Dieu.

———

15.

Au pied des saints autels le lévite balance
Dans l'urne aux chaines d'or de suaves odeurs,
Sur les parfums légers la prière s'élance,
Et l'Éternel reçoit cet encens de nos cœurs.
Seigneur, j'ai balancé les parfums de mon âme
Dans le bruit enchanteur des vers harmonieux;
Mon cœur s'élance aussi sur leurs ailes de flamme:
Accepte mon amour, encens mélodieux.

POÈME

DE

M. OSCAR MEURICE,

Élève de rhétorique au Petit-Séminaire de Cambrai

~~~~~~~~~~

DOUAI AU 22 JUILLET 1855.

~~~~~~~~~~

Sit laus plena, sit sonora.
S. Thomas d'Aq.

I.

Lève la tète, ô Flandre, et ne crains point l'envie ;
La France te contemple, et l'Eglise ravie
Raconte les splendeurs de tes jours fortunés ;
Ta gloire retentit aux plus lointains rivages,
Et ton nom répété, frappant toutes les plages,
    Emeut les peuples étonnés.

Au fond des cœurs, la Foi demeurait sommeillante,
Et rien ne ranimait sa lueur vacillante ;
Tu la voyais s'éteindre et prète à succomber ;
Tu la voyais pleurant sur de grandes ruines,
Regrettant la beauté de ses fêtes divines
    Et n'ayant plus qu'à s'exiler.

Tu compris sa douleur, et ton âme oppressée
Voulut rendre à la Foi sa grandeur abaissée.
Tu sus lui préparer un réveil glorieux,
La faire triompher du tiède et de l'impie,
Répandre dans son sein une nouvelle vie,
   Et sur son front l'éclat des Cieux.

Et bientôt, reprenant son antique puissance,
La Foi s'est ravivée au nord de notre France.
O Cambrai, tu la vis en ses pieux élans
Entourer tes autels, environner Marie,
Célébrer en ses chants ta Madone chérie,
   Enthousiasmer tes enfants.

Et bientôt ce fut toi, cité noble et splendide,
Toi qui la vis, ô Lille, et, d'un cœur moins timide,
Tu la fis éclater en tes parvis sacrés,
Quand, sous ses voiles d'or, dans sa treille fleurie,
Ta Vierge, au sein des flots d'une douce harmonie,
   Bénit tes peuples enivrés.

Oui, l'Escaut et la Deûle en longs cris d'allégresse
Répétaient sur leurs bords de saints transports d'ivresse,
Et leurs fils, soupirant d'harmonieux concerts,
Chantaient le doux amour de la Reine des Anges,
Et faisaient retentir le bruit de leurs louanges
   Jusques au calme sein des airs.

Vierge, que ton regard, s'inclinant sur la terre,
Dût contempler la Flandre et bénir sa prière;
Que ton cœur maternel dût s'ouvrir à son cœur!
Mais, à ton beau triomphe il manquait une gloire :
Ton Fils aussi devait remporter sa victoire,
   Et Douai le vit en vainqueur!

I I.

L'aurore avait huit fois reparu sur la ville
Et doré les flots bleus de la Scarpe tranquille,
Depuis que le Seigneur, sous un dôme éclatant,
Sur un trône entouré d'un nuage d'argent,
Recevait l'encens pur, la voix de la prière,
Et les soupirs d'amour exhalés sur sa pierre.
De ses plus beaux rayons, de toute sa clarté,
Le soleil enflammait les tours de la cité,
Et, sous mille couleurs, sous des voûtes tremblantes
La brise se jouait en ondes transparentes ;
A travers la cité les peuples accourus
Précipitaient soudain leurs torrents confondus.
Elargis, ô Douai, ta spacieuse enceinte ;
Ouvre tes vastes flancs à cette foule sainte
Qui se presse nombreuse au temple de ton Dieu !
Ainsi Jérusalem aux jours de sa puissance,
Quand sur elle les biens coulaient en abondance,
Appelait Israël dans les murs du Saint lieu.

Mais de l'airain le bruit sonore
Retentit tout-à-coup au sein des vastes tours,
Et la foule, quittant le Seigneur qu'elle adore,
Comme des flots qui remontent leur cours,
Roule au midi, roule à l'aurore.

Vierge, c'est toi qu'au sud, c'est toi qu'à l'orient
Le beffroi, de sa voix tonnante,
Annonçait sur le seuil de la cité bruyante
Et saluait en tressaillant.

Tu parus ! et, laissant le rustique feuillage
Qui s'était balancé sur ta couronne d'or,
Tu vis Douai courbé devant ta sainte image
De son cœur palpitant te donner le trésor.

ais tu ne venais point dans ta gloire immortelle
Pour jouir à Douai d'un triomphe d'amour :
Tu venais ajouter une pompe nouvelle
    A la pompe de ce beau jour.

Tu venais à ton Dieu rendre le pur hommage
    Que t'avaient offert les enfants ;
Tu venais à ses pieds répéter le langage
    Que t'avaient chanté leurs accents.

Voici l'heure où, quittant le sacré Tabernacle,
Le Dieu qui se voilait sous le pain du miracle,
Le Dieu qui voit le Ciel devant sa majesté,
Apparaît sur son trône au sein de la cité.

    Vierge, ton Fils triomphe en ta présence,
    Inspire-nous des chants mélodieux ;
    Et vous, peuples, silence :
    Voici le Roi des Cieux !

III.

Comme les flots qu'entrouvre une proue écumante,
La foule, repoussée à l'instant sur les bords,
Précipite sa marche et, toute palpitante,
Devant les fiers coursiers que maîtrisent les mors,
S'entrechoque muette et s'arrête impuissante.

    O Dieu ! quel spectacle à mes yeux
    S'offre et vient réveiller mon âme ?
    L'acier brille et jette sa flamme,
    Et des concerts s'élèvent vers les Cieux !

Salut, Ange fidèle et d'antique mémoire !
Dans ta robe d'argent, soutenant ton flambeau
Et ton livre, témoins qui rappellent ta gloire,
Oh ! que tu m'apparais mystérieux et beau !

L'Ange a passé ! Bientôt des forêts de bannières
Confondant leurs couleurs, leurs flots d'or et d'azur,
S'agitent dans les airs et par mille lumières
Reflètent le soleil comme un Océan pur.

L'Éternel est le Dieu du monde !
Il fait croître la fleur des champs,
Sème dans la terre profonde
Les trésors, les feux dévorants,
Commande à la vague qui gronde,
Et brise d'un mot les torrents.

Et reconnaissant sa puissance,
Les fils des champs, les fils des vastes profondeurs,
Les fils de l'Océan immense
Viennent lui présenter et des vœux et des fleurs !

Grand Dieu, qu'il fut beau ton cortége !
Tous s'y donnaient la main : richesse et pauvreté,
Orphelins que ton bras protége,
Enfants de la prospérité !

Oui, j'ai vu le ciel sur la terre !
Chœurs de vierges, essaims pieux,
Insignes de chaque mystère,
Céleste aspect des bienheureux,
Chérubins de feu et de flamme,
Étendards, encensoirs brûlants,
Concerts dont palpite mon âme,
Flots pressés d'amour et d'encens.

Trône où reposait ta clémence,
Trône où reposaient les martyrs ;
Emblèmes de foi, d'espérance,
Doux et sublimes souvenirs :
Tout, Seigneur, révélait ta gloire,
Tout à ton cœur ouvrait les cœurs,
Tout annonçait une victoire
Et rayonnait de tes splendeurs.

Et, muet, j'écoutais les soupirs de mon âme,
Quand soudain j'aperçus aux pieds de leur pasteur
  L'enfant que l'eau sainte réclame,
  Le jeune athlète, le pécheur,
  L'homme que son Dieu fortifie,
  Le prêtre qui tombe à genoux,
  La vierge qui prend un époux,
  Le vieillard qui laisse la vie.
Ah ! Seigneur, que j'aimais à reposer mes yeux
Sur ces signes sacrés, mystérieux symboles
Que ton divin amour, pour nous conduire aux cieux,
Nous laissa sous le miel de ses douces paroles !

Mais la foule se tait... O spectacle émouvant !
  Voici que les âges antiques,
Dix-neuf siècles de foi passent en triomphant !
Apôtres de l'erreur, dans vos rêves sceptiques,
Approchez, contemplez cet accord imposant !

C'est le siècle d'Ignace et celui de Grégoire,
Le siècle de Justin, le siècle de Bernard,
Les siècles des docteurs, dont l'auguste mémoire
S'attache ineffaçable aux plis de l'étendard,
Et rappelle à Douai, Carthage, Césarée,
Hippone, Alexandrie, Antioche, Nicée !

Antioche !... A ce nom, je te vois, ô Pasteur,
O toi des Flavien, ô toi des Chrysostôme
Illustre successeur !... Comme un brillant fantôme
Tu portes avec toi l'éclat et la douceur
Qu'Israel contemplait au front de son Sauveur.

Et maintenant, les mains élèvent sur nos têtes
Ce Dieu que ton amour adore avec élan ;
Qui règne sur les cœurs, apaise les tempêtes,
Et donne aux cieux d'azur leur lustre étincelant.

Et sous leurs saints habits aux couleurs oudoyantes,
La crosse en main, au front la mitre du pouvoir,
Huit prélats figurant les phalanges brillantes
S'avancent rayonnants comme les feux du soir
Quand la brume des champs jette son triste voile
Et que le crépuscule a fait jaillir l'étoile.

Et la foule suivait et tombait à genoux
  Quand le clairon, de sa voix frémissante,
   Frappait la cité triomphante,
   Et que Dieu les bénissait tous.

Et je t'ai vu, Seigneur, toi le Dieu des armées,
Te reposant au sein des foudres, des canons,
Sur un trône d'airain, sous de brillants trophées,
Sous l'acier des combats et sous leurs pavillons !

Je t'ai vu, glorieux, de ta droite puissante,
Bénissant nos drapeaux, bénissant nos soldats,
Promettant la victoire à leur voix suppliante
Et sur nos chars de feu asseyant le trépas.

Sur la rive étrangère, au souffle de la gloire,
La France voit ses fils livrer leurs étendards.
Ah ! dans leurs rangs pressés enchaîne la victoire,
Et couvre de lauriers leurs bataillons épars.

Je t'ai vu dominant sur un beau tabernacle,
Que de ses plis riants la pourpre avait orné ;
Et les Saints de Douai devant ton grand miracle
S'inclinaient humblement de leur front couronné.

  Mais à ce pompeux sanctuaire,
  A ces longs et riches tissus,
  Combien plus mon âme préfère
  Ces murs brisés, ces autels nus !

Comme un dernier nuage à la voûte céleste,
Quand dans les airs brûlants la tempête a passé,

Comme un triste débris, comme un lugubre reste
Du vaisseau que la vague en courroux a brisé,
Ainsi de Saint-Amé les ruines antiques,
  Ainsi de ses autels le marbre mutilé,
    Les colonnes et les portiques,
Tout ce temple muet et de saints dépeuplé,
Tout à mon cœur saisi, d'un indicible orage,
    D'une sacrilége fureur
    Révéla le sombre passage,
Et, tombant à genoux. je t'adorai, Seigneur !

Je t'adorai, mon Dieu, toi toujours immuable,
Dont la stabilité toujours inébranlable
    Dont l'immobile éternité
Reposait sur la poudre et la fragilité.

    Et foulant ces cendres divines,
Le peuple s'avançait d'un pas silencieux,
    Et devant ces grandes ruines,
Croyait voir Saint-Amé s'élancer vers les Cieux.

Mais c'en est fait !... le jour à l'horizon s'efface,
    Le Seigneur rentre triomphant ,
Et déjà, s'inclinant pour embrasser l'espace,
La nuit a déplié son voile au firmament.

Douai ! laisseras-tu sur toi les tristes ombres
Etendre leur empire et régner en vainqueur ?
Courberas-tu la tête, et sur les vapeurs sombres
Voileras-tu soudain ta divine splendeur ?

Non, non, des feux bientôt agiteront leur flamme
Sous la brise du soir qui les courbe en jouant,
Et de leurs vifs rayons que le zéphire enflamme
Egaleront l'éclat de l'astre renaissant.

Et Douai, prolongeant jusque dans la nuit même
Sa pieuse allégresse et ses transports d'amour,
Se couronna de feux comme d'un diadème
Et lança de son front les splendeurs d'un beau jour.

IV.

Et tout est fini .. Dans l'espace
Les chants se sont perdus, les feux se sont éteints ;
Et plus rien, pas même une trace
Ne demeure imprimée au marbre des lieux saints.

Et comme l'oiseau solitaire
Qui chante sous l'ormeau ta gloire et ta bonté,
Ainsi, sous ta main tutélaire
De tes fêtes, mon Dieu, j'ai redit la beauté !

Elle est bien novice ma lyre,
Mais ton cœur entendra ses timides concerts :
Tu comprends la voix du zéphire
Et la brise du soir qui passe dans les airs.

Tu sais l'insecte qui bourdonne,
La vague qui s'élance et meurt en te chantant,
Et dans la feuille qui résonne,
Tu trouves pour ta gloire un concert éclatant.

Ah ! dans mon âme qui t'adore
Et qui pour toi s'exhale en de faibles accents,
Seigneur, avant qu'il s'évapore
Trouve de même, trouve un nuage d'encens.

Et toi, Douai, cité de gloire,
Pardonne à mon audace et reçois mes accords ;
Hélas ! pour chanter ta mémoire,
Que n'étais-je animé de plus nobles transports ?

Mais le Ciel a vu ton hommage ;
Il suffit : je me tais... Quand adore le cœur,
Le Seigneur comprend sans langage
Et ses soupirs cachés et sa brûlante ardeur.

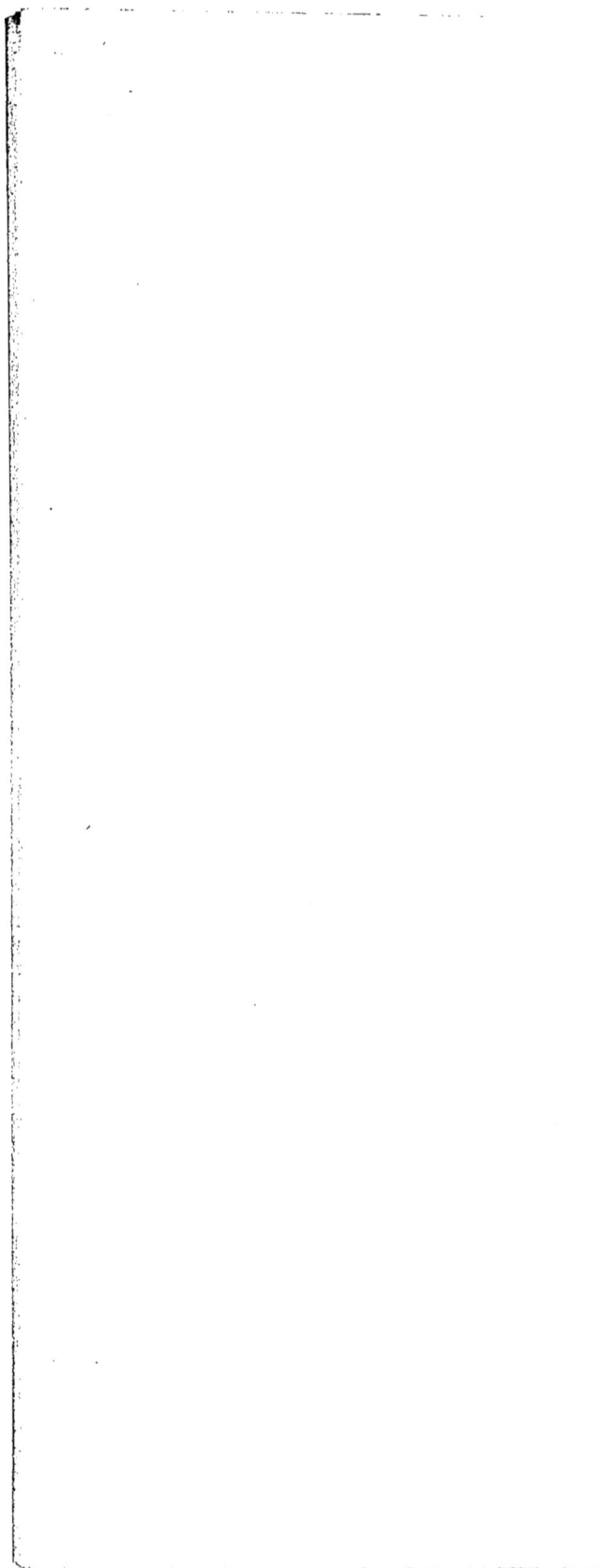

EXTRAIT DU REGISTRE

AUX DÉLIBÉRATIONS

DE LA

COMMISSION ADMINISTRATIVE DU BUREAU DE BIENFAISANCE
DE LA VILLE DE DOUAI.

Séance du 9 octobre 1855.
Présidence de M. le comte DE GUERNE.

Sont présents : MM. le comte de Guerne, Serval, Bommart, Petit, Tréca-Leleu.

La Commission administrative du Bureau de bienfaisance de la ville de Douai,

Considérant que M. l'abbé Capelle a chargé M. Petit, membre de la Commission du Bureau de bienfaisance, de proposer à l'administration de lui céder le travail qu'il a rédigé sur la fête séculaire du 22 juillet 1855, pour, par elle, le faire imprimer et le vendre au profit des pauvres ;

Considérant que l'administration trouve dans cet acte généreux de M. l'abbé Capelle une occasion de créer une ressource aux pauvres ;

Délibère que la proposition de M. l'abbé Capelle est acceptée et qu'il sera pris, avec un imprimeur de la ville de Douai, des mesures convenables pour l'impression de l'ouvrage dont il s'agit. Les exemplaires imprimés seront ensuite vendus, et le bénéfice qui résultera de cette opération sera encaissé au profit du Bureau de bienfaisance.

Pour copie conforme :

Les Administrateurs,

Signé : Comte DE GUERNE, SERVAL,
BOMMART, PETIT, TRÉCA-LELEU.

TABLE DES MATIÈRES.

～～～～～

Douai. — ADAM D'AUBERS, imp.

Exécutée par *THIERY* fab.t d'Orfèvrerie, 70 rue Bonaparte.

(à Paris)

Imp Lemercier Paris

APPENDICE.

EXTRAIT DU REGISTRE

AUX DÉLIBÉRATIONS

DE LA

COMMISSION ADMINISTRATIVE DU BUREAU DE BIENFAISANCE
DE LA VILLE DE DOUAI.

Séance du 12 janvier 1856.

Présidence de M. le comte DE GUERNE.

Sont présents : MM. le comte de Guerne , Bommart , Serval , Petit , Tréca-Leleu.

La Commission administrative du bureau de bienfaisance de la ville de Douai,

Vu la lettre dont suit la teneur :

A Messieurs les président et membres du Bureau
de bienfaisance de la ville de Douai.

Messieurs,

Les membres de la Commission formée pour offrir , au nom de la ville de Douai , à M. l'abbé Capelle , un souvenir de reconnaissance à l'occasion du jubilé séculaire, ayant appris que l'ouvrage dont il a fait don au bureau de bienfaisance était imprimé et qu'il allait être livré à la publicité, ont l'honneur de vous demander qu'un supplément soit ajouté à cet ouvrage, pour rendre compte de la fête du 30 décembre dernier dans laquelle le présent offert à M. l'abbé Capelle, lui a été remis. Ils espèrent, Messieurs, que vous accueillerez favorablement cette idée, qui a pour but de faire connaître aux siècles futurs le témoignage de gratitude donné par ses concitoyens à celui qui fut l'ordonnateur de la procession du Saint-Sacrement de Miracle, célébrée en 1855. N'est-il pas à désirer que le livre dans lequel il rend justice à tous, et dans lequel il s'est oublié par modestie, ne laisse pas cependant ignorer la part revenant à M. l'abbé Capelle dans cette belle solennité qui ajoutera une page magnifique aux annales religieuses de notre cité?

Ils ont l'honneur d'être,

Messieurs,

Vos très-humbles et très-obéissants serviteurs,

Signé : TRÉCA-LELEU, président ;
JULES PINQUET, secrétaire ;
L. DECHRISTÉ,
A. DUTILLEUL,
CLIQUET,
L. D'ESCLAIBES, trésorier.

Douai, le 7 janvier 1856.

Considérant que par le généreux abandon qu'il a fait au bureau de bienfaisance, de son ouvrage intitulé, *Souvenir du Jubilé séculaire du Saint-Sacrement de Miracle célébré à Douai en* 1855, M. l'abbé Capelle s'est acquis un nouveau titre à la reconnaissance que lui devaient déjà ses concitoyens, pour les soins et le zèle infatigable avec lesquels il a organisé la magnifique fête religieuse dont notre ville peut à bon droit s'enorgueillir ;

Considérant que si les sentiments de gratitude, gravés dans le cœur des Douaisiens, ont éclaté par une haute et digne manifestation dans la solennité du 30 décembre 1855, il est désirable de conserver par l'impression un souvenir public et durable de cette imposante cérémonie ; que la commission du bureau de bienfaisance ne peut donc que saisir avec empressement et bonheur l'occasion qui lui est offerte d'atteindre ce résultat en accueillant la demande relatée plus haut ;

Délibère : le compte rendu de la fête du 30 décembre 1855, rédigé et imprimé par les soins de MM. les commissaires et précédé de la présente délibération, sera ajouté comme supplément à chaque exemplaire de la relation du jubilé séculaire.

Pour copie conforme :

Les administrateurs,

Signé : Cte DE GUERNE, A. BOMMART, SERVAL, PETIT, TRÉCA-LELEU.

FÊTE

Du 30 Décembre 1855.

Les habitants de la ville de Douai désiraient vivement donner à M. l'abbé Capelle un témoignage de leur reconnaissance pour le dévouement et le talent dont il avait fait preuve en organisant la fête séculaire et la brillante procession du 22 juillet. Dès les premiers jours du mois d'août, un grand nombre de citoyens se réunirent chez M. Jules Pinquet, et, dans cette assemblée, il fut décidé que l'on offrirait à M. l'abbé Capelle une chapelle, comme étant l'objet qui pouvait lui être le plus agréable, et qu'un appel serait fait à tous ceux qui voudraient s'associer à cette manifestation de gratitude publique. Une commission fut nommée pour recueillir les souscriptions et s'occuper de l'acquisition du cadeau. Elle se composait des personnes dont les noms figurent au bas de la lettre rapportée plus haut. La chapelle fut achetée à Paris, par l'entremise de M. l'abbé Duplessis qui voulut bien en diriger l'exécution, et elle fut envoyée à Douai dans le courant du mois de décembre. Pendant ce temps, la commission s'occupait des préparatifs de la fête qui devait accompagner la remise du présent. Elle fut fixée au 30 décembre. En voici le compte rendu tel qu'il fut publié par un journal de la localité :

« La fête de famille qui réunissait hier l'élite de la Société douaisienne, a été belle et touchante comme le promettait le but qui avait inspiré son organisation. Dès midi, la grande salle de l'Hôtel-de-Ville était envahie par la foule des personnes qui avaient eu l'heureux et flatteur privilége d'être invitées.

» Dans le salon adjacent, le présent offert à M. l'abbé Capelle par ses concitoyens reconnaissants, était exposé à tous les regards. Il consiste en une magnifique chapelle moyen-âge, argent, vermeil et émaux, dont le dessin et l'exécution ne laissent rien à désirer. La chapelle se compose du calice avec sa patène, des burettes avec leur plateau, et de la sonnette. Le travail des émaux comprend six sujets : les trois apparitions du St.-Sacrement de Miracle, puis les images des trois madones célèbres qui ont été portées à la grande procession séculaire de 1855. Sous le calice est une plaque sur laquelle se trouve gravée une inscription qui est répétée sur la face supérieure et extérieure de la boîte en palissandre qui contient la chapelle. La tête de cette inscription se compose des armes de la ville de Douai entre les deux dates 1254 et 1855, puis au-dessous, on lit :

7

M DCCC LV

A M. L'ABBÉ CAPELLE,

MISSIONNAIRE APOSTOLIQUE, CHANOÏNE HONORAIRE

DE CAMBRAI,

SES CONCITOYENS RECONNAISSANTS.

» La salle de l'Hôtel-de-Ville était ornée avec beaucoup de goût ; les murailles étaient couvertes d'emblèmes, d'oriflammes et d'inscriptions de circonstance : c'étaient de nombreux cartouches au milieu desquels se lisaient les mots *dévouement* et *reconnaissance*, les noms des villes d'où étaient venus les prélats qui assistaient à la procession séculaire, enfin les titres des ouvrages de M. l'abbé Capelle.

» Le concert, comme l'ornementation de la salle, sut conserver à cette fête un cachet religieux, par le beau choix des morceaux qui le composaient. C'était comme la clôture de cette remarquable solennité du mois de juillet où les arts puisaient une beauté nouvelle en se mêlant aux beautés du christianisme (1).

(1) Le programme de ce concert était composé des morceaux suivants :
1°. Morceau d'harmonie.
2°. *Gloria* . . . . CH. GOUNOD.
3°. Méditation sur le 1er prélude de Bach. . CH. GOUNOD.
4°. *Dulcis Agne*, de l'ancienne maîtrise de Saint-Amé, arrangé par. . . . . . P. GUISELIN.
5°. Duo concertant, pour piano et violoncelle . . . . GRÉGOIR et SERVAIS.
6°. *O salutaris Hostia*, de Dugué, harmonisé par. . . . . CH. GOUNOD.
7°. Morceau d'harmonie.

» L'association musicale , société de chant et société d'harmonie, mérite de grands éloges pour la manière digne dont elle a rempli les promesses que contenait son programme. Les chants sacrés ont été dits avec une expression parfaite , avec un sentiment exquis et une observation de nuances qui font le plus grand honneur à nos jeunes artistes.

» Nous devons une mention toute particulière à M. François, dont le savant archet a jeté de si douces émotions au milieu de l'auditoire silencieux et attentif qu'il a constamment captivé. M. François a fort bien exprimé les larges et belles phrases de la méditation sur le premier prélude de Bach ; il a enlevé avec un talent admirable sa partie d'un *duo* dans lequel M. Boulvin a eu l'occasion de nous montrer, une fois de plus , sa valeur sur le piano.

» Après ce joli concert, a eu lieu l'installation du bureau chargé de remettre le présent à M. Capelle. M. Pinquet , chargé de présider en l'absence de M. le maire , avait à sa droite M. l'abbé Capelle ; on remarquait à sa gauche M. de Moulon , premier président de la Cour impériale. Puis venaient M. Petit, président de chambre ; M. Dubrulle, doyen des conseillers de la Cour ; M. de Matharel , sous-préfet ; M. Guillemin, recteur de l'Académie ; M. Vasse, etc.

» Notre honorable adjoint prit alors la parole. Nous reproduisons sans réflexions son discours et celui de M. l'abbé Capelle. Que pourrait-on ajouter à cette éloquence du cœur dont tous deux paraissent posséder si bien le secret ?

« Ce n'est pas sans une profonde émotion et sans quelque défiance de mes forces que j'ai accepté la tâche délicate de présider une assemblée composée de l'élite de nos concitoyens. Si j'avais dû ne consulter que mes moyens, j'aurais décliné un si grand honneur, mais une maladie qui se prolonge trop au gré de mes désirs (1), ayant empêché une voix

(1) M. le Maire de Douai se trouvait indisposé. Voici le discours qu'il comptait prononcer dans cette circonstance :

« Monsieur l'abbé,

» Le jubilé du Saint-Sacrement de Miracle, célébré en l'année 1855, marquera dans les annales de la ville de Douai comme un des faits les plus mémorables qui y aient été enregistrés. Tous vos concitoyens gardent encore dans leur cœur les émotions de ces jours solennels où les cérémonies les plus touchantes se succédaient sans interruption ; tous ont surtout conservé le souvenir de la grande journée du 22 juillet. Lorsque la cité étonnée vit affluer dans ses murs ces innombrables étrangers, accourus de toutes les parties de la France et des pays voisins ; lorsqu'aux yeux de la foule ravie se déploya ce magnifique cortège dont tous les éléments étaient si heureusement combinés, un sentiment unanime de reconnaissance et d'admiration pour l'organisateur de tant de merveilles se révéla dans tous les cœurs....

» Il fallait, pour réussir comme vous l'avez fait, unir l'infatigable ardeur du chrétien le plus fervent, au goût épuré, aux inspirations classiques d'un artiste d'élite ; il fallait encore être animé par un autre mobile, il fallait aimer la ville de Douai comme le plus dévoué de ses enfants pour entreprendre, sans faiblir, ce labeur immense dont le résultat devait faire briller votre ville natale d'un éclat si vif et si inattendu.

» Tous ces sentiments se trouvaient réunis dans votre noble cœur; aussi avez-vous accompli avec un rare bonheur la tâche si difficile que vous aviez résolument acceptée.

» Vous avez fait plus encore : lorsque toutes les splendeurs de la grande solennité eurent disparu, au moment où chacun vous croyait

beaucoup plus éloquente que la mienne d'exprimer la reconnaissance générale, pour clore dignement la série de ces fêtes imposantes dont nous avons été les témoins au mois de juillet dernier , j'ai dû céder aux instances flatteuses qui

épuisé de fatigue, vous entrepreniez un nouveau travail : vous décriviez , dans ce style plein d'onction et de couleur que nous vous connaissons, toutes les cérémonies de la grande semaine, toute l'histoire du jubilé du Saint-Sacrement de Miracle ; et lorsque vous eûtes terminé cet ouvrage édifiant destiné à rappeler aux générations futures des souvenirs qui ne doivent plus s'effacer , votre âme charitable vous inspira la généreuse pensée d'en faire don à nos pauvres. Ce sont eux qui recueilleront le fruit de vos veilles , qui béniront votre nom pour ce nouveau bienfait. Vous avez ainsi prouvé qu'il ne devait y avoir rien d'incomplet dans votre dévouement à cette œuvre si grandiose du jubilé de 1855.

» Nous savons , Monsieur l'abbé, qu'il est des travaux et des mérites dont la récompense n'est pas de ce monde ; nous savons aussi que nous devons nous garder de confondre en vous le ministre de la religion et le compatriote que nous voulons honorer , mais nous avons pensé que nous pouvions , sans franchir la limite qui nous est naturellement tracée , vous remercier , au nom de tous nos concitoyens , de ce que vous aviez fait , comme Douaisien , pour la gloire de la cité.

» Vous devez le savoir, Monsieur l'abbé, il n'est personne à Douai qui ne vous ait voué la plus vive et la plus respectueuse affection : ce sentiment se retrouve dans tous les rangs de la société ; aussi le témoignage que nous vous rendons aujourd'hui est-il l'expression de la pensée générale , et si vous ne voyez ici qu'une fraction de vos concitoyens, vous pouvez être assuré que tous sont présents de cœur.

» Nous avons désiré qu'un souvenir vînt vous rappeler à la fois et vos fatigues qui nous ont tous émus d'intérêt , et la reconnaissance des habitants de Douai. Veuillez donc accepter ce souvenir que nous sommes si heureux de vous offrir : il est modeste , parce que nous savons que le luxe ne saurait convenir au missionnaire apostolique : nous avons seulement voulu qu'il fût durable comme le souvenir du 22 juillet 1855. »

m'ont été faites. D'ailleurs mon amitié pour celui qui est l'objet de cette solennité et le privilége accordé à mon âge m'en ont fait un devoir.

» Douai, si recommandable par son culte pour les arts, Douai, l'une des villes le plus sincèrement religieuses, aspirait à peine après le jour où elle pourrait, par une fête séculaire, rappeler le souvenir du miracle opéré en 1254, dans l'église collégiale de Saint-Amé, que ses vœux étaient devancés par un de ses enfants, déjà célèbre par les fêtes commémoratives qu'il avait organisées à Cambrai et à Lille. Ce digne fils de la cité sut s'inspirer comme toujours aux sources les plus pures de la religion, et jaloux de créer une cérémonie qui répondit aux désirs de son pays natal, il conçut le beau plan du sujet qu'il voulait dérouler à nos yeux. C'est alors qu'il vint faire un appel à nos sentiments religieux et patriotiques.

» A sa voix, chaque Douaisien s'est mis à l'œuvre et a aidé de tous ses moyens l'organisateur de notre fête qui sut si bien allier à la pompe de la religion le prestige des beaux arts et la sévérité de l'histoire.

» Pendant neuf jours, notre ville a été transformée en une nouvelle Jérusalem : des prélats venus de tous les points de la France et de l'étranger, ont ravivé la foi en la faisant briller au milieu des plus solennelles manifestations. Des milliers de fidèles, le clergé en tête, accouraient de toutes les communes voisines pour se prosterner au pied des autels et y adorer le Seigneur.

» Nous voyons encore ces tableaux grandioses et variés,
ces groupes brillants empruntant leur charme à la modestie
et à la simplicité , ces châsses contenant de saintes et vénérées images où resplendissaient l'or et les pierreries , hommages de la piété.

» Cette fête à jamais mémorable restera gravée dans le
souvenir de toutes les familles, en même temps que le nom
et le génie de l'enfant de la cité dont le zèle et le désinté-
ressement ne peuvent être égalés même par notre reconnaissance.

» Vous connaissez tous ce bon et noble Douaisien ; tous
vous avez nommé Monsieur l'abbé Capelle.

» Mon cher concitoyen , que votre modestie ne soit pas
blessée de l'éclat que nous avons voulu donner à cette solennité ; personne n'ignore avec quelle abnégation vous voulez
reporter sur d'autres l'honneur qui vous revient dans l'organisation de notre fête.

» Le clergé et les communautés religieuses vous ont , il
est vrai, puissamment secondé dans l'accomplissement de
cette œuvre inspirée par votre fervent amour de la religion.
Nous saisissons cette occasion de leur exprimer aussi toute
notre gratitude.

» Vous , cher enfant de Douai , daignez recevoir comme
gage de la reconnaissance publique , pour votre beau dévouement, ce souvenir du Jubilé séculaire de 1855.

» Puisse-t-il avoir en outre le mérite de rappeler à votre
cœur la sincère amitié que vos concitoyens vous ont vouée

à tout jamais ! Ce témoignage ira s'ajouter à ceux que vous avez déjà reçus, et confirmera combien vous êtes digne des marques d'estime qui vous ont été données dans un grand nombre de communes éclairées par votre voix éloquente et persuasive.

» La ville de Douai sera toujours fière de vous compter au nombre de ses enfants , et toujours elle se réjouira de la gloire que vous vous attirez en semant , avec un talent remarquable , vos discours évangéliques et vos savants écrits dont vous faites un si noble usage. Car , qui ne sait que le profit que vous pourriez en tirer va droit aux mains de la charité ?

» Tous, en ce moment, voudraient vous embrasser. Au nom de tous, permettez-moi donc, en ma qualité de doyen-d'âge de la grande et bonne famille douaisienne , de vous serrer dans mes bras comme un fils bien-aimé. »

D'unanimes et chaleureux applaudissements accueillirent ces paroles dictées par un cœur tendre et ami. M. Capelle , sans pouvoir dissimuler l'émotion qui agitait son âme, mais aussi sans que son organe sonore et attrayant en souffrît , répondit en ces termes :

« Messieurs ,

» Il y a trente et quelques années que dans cette même salle je sentais battre mon cœur d'une émotion dont je ne comprenais ni la force ni la noblesse. Enfant qui cherche à voir et à entendre , je m'étais glissé dans les rangs de la société qui remplissait cette enceinte ; j'assistais à la remise d'une médaille d'or décernée à M. Bra, qui venait de créer son Aristodème. En joignant mes applaudissements aux applaudissements de tous, je me sentais fier d'appartenir, moi aussi, à la ville de Douai, qui savait honorer le mérite de ses enfants ; j'étais heureux : il me semblait qu'en ma qualité de Douaisien je partageais le triomphe de notre statuaire. Ma jeune âme subissait, sans le savoir, l'influence de l'esprit des habitants de cette cité, qui regardent comme fait à eux-mêmes l'honneur que l'on rend à l'un de leurs concitoyens. Ces heureuses émotions de mon enfance ne sont-elles pas en tous ceux qui composent cette honorable assemblée ?

» En effet, Messieurs, que l'on demande pourquoi cette réunion de tout ce que la société douaisienne renferme de plus noble et de plus pur, pourquoi la joie qui rayonne sur tous les fronts, pourquoi ce magnifique appareil et ces suaves mélodies ? vous répondez : c'est pour honorer un enfant de la cité, et vous êtes heureux de le dire ! Oublions, Messieurs, cet enfant de la cité, et proclamons ensemble que l'on est heureux d'appartenir à une ville où, malgré l'égoïsme du siècle, on trouve cet esprit de famille, cette fraternité du cœur qui réunit toutes les volontés pour honorer un frère, et surtout cette noblesse de sentiments, cette délicatesse de procédés qui doublent le prix de l'honneur !!!

» Maintenant, Messieurs, m'est-il possible de vous exprimer ce que j'éprouve ? Vous m'offrez un monument de

la fête séculaire que nous avons célébrée, il y a cinq mois ,
et ce monument est un don de la reconnaissance publique.
Dans ce présent vous avez su réunir tout ce qui peut contribuer à me le rendre plus cher. C'est un vase sacré , destiné au Saint Sacrifice que j'offre à Dieu tous les jours ; il
est , par la richesse de sa matière , digne de cette cité dont
l'un des principaux caractères est l'amour du beau , il l'est
par la richesse plus grande encore de son travail. Dans ses
admirables émaux vous avez exprimé le souvenir de la plus
belle page religieuse de nos annales , et , par une inappré-
ciable délicatesse , vous y avez ajouté les images de ce qui
fait l'objet de mes plus douces prédilections. Une inscription
ornée des armoiries de la cité me le consacre ; vous me l'offrez au milieu d'une fête de famille , et en l'absence du Magistrat qui est plutôt le père que le Maire de la ville , il
m'est présenté des mains de celui que l'on appelle l'ami
dévoué de tous , du vénérable M. Pinquet , en qui l'on retrouve le type de cette vieille bourgeoisie douaisienne qui
acquérait le droit de se faire un blason de ses longs et éminents services rendus à la cité. Oh! Messieurs , vous rassa-
siez de bonheur mon cœur de Douaisien et de prêtre!!!!
Douaisien, je reçois de vous l'honneur le plus beau qu'une
ville puisse accorder à l'un de ses enfants ; Prêtre , je vous
vois dans cette circonstance ratifier le magnifique acte de
foi qui fut donné par notre grande famille au Dieu de l'Eucharistie ; renouveler, si je puis parler ainsi , cette sublime
rénovation de l'alliance qui fut faite , il y a six siècles, entre
le ciel et nos aïeux.

» Mais, suis-je bien digne, Messieurs, de ce bonheur ? Qu'ai-je fait pour mériter votre riche présent ? Vous semblez croire que la splendeur des pompes religieuses dont notre ville a été le théâtre soit mon ouvrage, et que l'honneur principal doive me revenir ; ne le croyez pas, Messieurs. L'honneur de notre fête séculaire revient d'abord à Monseigneur l'Archevêque de Cambrai, qui en a déterminé la célébration ; il revient à M. le Maire, qui a si bien secondé les intentions du Prélat, et qui, en plusieurs points, les a même prévenues ; il revient au corps municipal, dont le vote généreux, spontané et unanime fut un exemple qui entraîna les esprits et les cœurs ; il revient aux représentants des autorités civile, judiciaire, administrative, militaire, universitaire, qui y ont apporté un concours actif et empressé ; il revient à tous les Douaisiens qui, chacun de leur côté, ont voulu rendre cette fête digne du Dieu à la gloire duquel elle était consacrée, et si l'on a bien voulu voir en moi un concitoyen qui y a travaillé peut-être un peu plus que les autres, en cela je n'ai que le mérite d'avoir obéi aux injonctions de Monseigneur l'Archevêque. Laissez-moi, Messieurs, dire un mot dont on ne contestera pas la vérité, et qui nous met tous sur la même ligne : Douaisiens, tous en ces beaux jours nous avons fait notre devoir : vous avez fait le vôtre comme catholiques, j'ai fait le mien comme prêtre ! ! !

» Après cela, puis-je consentir à recevoir le Vase d'honneur que vous m'offrez ? Non, Messieurs. Cette chapelle que vous remettez entre mes mains est un monument que vous avez élevé pour laisser aux générations futures le souvenir de la fête du sixième jubilé séculaire du St.-Sacrement de Miracle, ce monument ne peut qu'appartenir à Douai ; en le recevant je ne veux m'en regarder que comme le dépositaire.

» Telle est, Messieurs , la manière dont j'envisage cette fête de famille et ce présent qui en est l'occasion. Pour vous en témoigner ici ma reconnaissance , je ne vous dirai qu'un mot : merci. Ajouterai-je que cette journée resserre les liens qui m'attachent à ma ville natale et que je suis à elle ainsi qu'à mes concitoyens à jamais et à toujours ? Non , Messieurs , mon attachement à la ville de Douai ne peut pas grandir ! Ainsi tout simplement merci , Messieurs , merci des marques touchantes d'affection que vous voulez bien me donner! Merci, vénérable Monsieur Pinquet, des paroles flatteuses que vous avez daigné m'adresser ! Merci , Messieurs les membres de la Commission , de ce présent et de cette fête dont vous avez pris l'initiative ! Merci, Messieurs les artistes, de la sympathie et du talent avec lesquels vous en avez rehaussé l'éclat. Merci, bonne et bien aimée ville de Douai ! Ah ! il n'y a que dans ton sein qu'il est possible de voir des fêtes comme celle à laquelle nous assistons ! Gloire à toi ! c'est le cri de mon âme. A ce cri j'en joins un autre : ensemble , ils expriment les sentiments qui nous ont tous animés pour célébrer la fête séculaire , comme ils résument la pensée de la fête de ce jour ! Gloire à Dieu , gloire à la ville de Douai. »

Après cet échange de nobles et touchantes paroles, et les applaudissements redoublés de l'assemblée, la musique se fit entendre de nouveau. Elle terminait par l'air patriotique de *Gayant*, cette cérémonie qu'on pourrait justement regarder comme un épanchement des vrais cœurs douaisiens.

(*Indépendant.*)

ADAM D'AUBERS, imprimeur à Douai.